Khaled Abdelsalam
Sherif Ramadan

Invertebrados Macro-Bentónicos no canal principal do rio Nilo Egípcio

Khaled Abdelsalam
Sherif Ramadan

Invertebrados Macro-Bentónicos no canal principal do rio Nilo Egípcio

ScienciaScripts

Imprint

Cover image: www.ingimage.com

This book is a translation from the original published under ISBN 978-3-8383-9559-3.

Publisher:
Sciencia Scripts
is a trademark of
Dodo Books Indian Ocean Ltd. and OmniScriptum S.R.L publishing group

120 High Road, East Finchley, London, N2 9ED, United Kingdom
Str. Armeneasca 28/1, office 1, Chisinau MD-2012, Republic of Moldova, Europe
Printed at: see last page
ISBN: 978-620-8-32032-4

Prefácio

O rio Nilo, uma fantástica via fluvial que moldou a história e a cultura do Egito durante milénios, alberga também um conjunto diversificado de invertebrados macro-bentónicos. Estes organismos, que habitam o fundo do rio, desempenham um papel crucial no ecossistema.

Esta monografia tem como objetivo fornecer uma descrição abrangente e autorizada dos invertebrados macro-bentónicos encontrados no canal principal do rio Nilo egípcio. Trata-se de uma acumulação de extensos estudos de campo, de um meticuloso trabalho de laboratório e de uma profunda paixão pela compreensão da intrincada teia de vida que se desenvolve neste famoso rio.

O rio Nilo, com a sua rica biodiversidade, oferece uma oportunidade única para estudar as interações entre várias espécies e o seu ambiente. Desde os mais pequenos crustáceos até aos mais conspícuos moluscos e insectos, cada organismo contribui para a saúde e equilíbrio geral do ecossistema do rio.

Neste livro, exploramos a taxonomia, a ecologia e a distribuição destes seres fascinantes. Este objetivo estava completamente ausente em todos os estudos anteriores, que se centravam principalmente no estudo da ecologia.

A monografia foi concebida para ser um recurso valioso para investigadores, estudantes e qualquer pessoa interessada na história natural do rio Nilo. Fornece descrições detalhadas, ilustrações e chaves para ajudar na identificação destes invertebrados, tornando-se uma ferramenta essencial para estudos de campo e investigação laboratorial.

Esta monografia tem como objetivo servir de inspiração para mais iniciativas de investigação e conservação. Cabe-nos a todos garantir que o rio Nilo seja preservado para as gerações futuras devido à sua grande biodiversidade e importância ecológica.

Autores

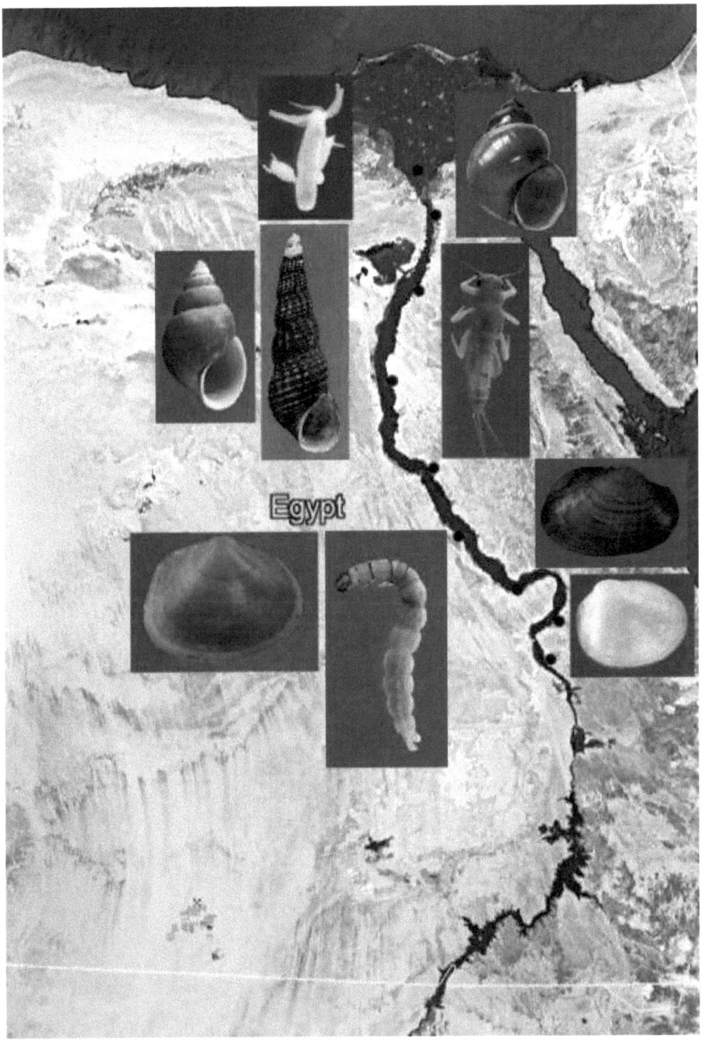
Egypt

Índice

Invertebrados Macro-Bentónicos no canal principal do rio Nilo Egípcio

Khaled M. Abdelsalam*, Sherif E. Ramadan
Instituto Nacional de Oceanografia e Pescas (NIOF), Egito
*Autor correspondente: kh.abdelsalam@gmail.com

Resumo

Apesar dos numerosos estudos ecológicos sobre os invertebrados macro-bentónicos do rio Nilo egípcio e dos seus afluentes, não existem catálogos exaustivos que categorizem as espécies de acordo com um esquema filogenético. O presente catálogo visa colmatar esta lacuna, fornecendo um inventário exaustivo e uma redescrição completa de várias espécies de invertebrados macro-bentónicos registadas no canal principal do rio Nilo egípcio, cobrindo uma área de 740 km desde Esna, a sul, até El-Qanatir Al-Khayriyyah, a norte. O catálogo regista um total de 54 taxa, indicando uma diversidade relativamente elevada da fauna macro-bentónica. Entre estes, sete espécies são consideradas novos registos para o canal principal do rio Nilo egípcio. A documentação dos invertebrados macro-bentónicos é essencial para compreender a biodiversidade e a saúde ecológica do rio Nilo. O catálogo inclui observações detalhadas sobre estes invertebrados para facilitar a discriminação das espécies e fornece informações sobre os seus habitats e padrões de distribuição ao longo de diferentes secções do rio. Além disso, a presença e a abundância de certas espécies podem servir como indicadores da qualidade da água e das condições ambientais. Este catálogo constitui um recurso valioso para investigadores, ambientalistas e decisores políticos empenhados na conservação e gestão do ecossistema do rio Nilo.

Introdução

De acordo com Lalli e Parsons (1997), bentos refere-se às numerosas comunidades de organismos, juntamente com animais e flora, que habitam os substratos mais baixos dos ecossistemas aquáticos. Este termo engloba a rica biodiversidade que reside nas paisagens subaquáticas dos rios, lagos, oceanos e outras massas de água.

Os invertebrados bentónicos, normalmente imóveis ou de movimento lento, habitam os sedimentos mais baixos de diversos habitats aquáticos (El Shabrawy, 1993). De acordo com Klemm *et al.* (1990), estes organismos podem residir dentro ou sobre estruturas construídas, tais como caixas, tubos ou redes, ou deambular livremente sobre substratos rochosos ou orgânicos durante as diferentes fases do ciclo de vida.

Os invertebrados bentónicos são geralmente classificados por tamanho em microbentos (<0,063 mm), meiobentos (0,063-0,5 mm) e macrobentos (>0,5 mm) (Tagliapietra & Sigovini, 2010).

Os invertebrados macro-bentónicos, que são o foco deste catálogo, são cruciais na cadeia alimentar dos ecossistemas aquáticos. A sua dieta consiste principalmente em detritos, fitoplâncton sedimentado e zooplâncton, embora também consumam outros invertebrados (Fishar, 1992). Após a sua morte, estes organismos tornam-se uma fonte significativa de matéria orgânica (Ebrahim, 1993). Muitas espécies de peixes pelágicos dependem dos estádios larvares da fauna bentónica como fonte de alimento, que se encontra na zona planctónica (Farag, 1981). Os invertebrados bentónicos desempenham também um papel importante nos ecossistemas de água doce, influenciando os fluxos de energia e o ciclo de nutrientes (Covich *et al.*, 1999).

Além disso, alguns taxa dos macroinvertebrados bentónicos são utilizados como espécies indicadoras para avaliar a saúde do ecossistema e as condições ambientais (Rosenberg & Resh, 1994).

Alguns estudos anteriores que investigaram estas comunidades no Nilo Egípcio incluem os seguintes: Ishak *et al.* (1976), Anon (1979), Iskaros (1988, 1993), Fishar (1995), Abdelsalam (1995), Ramadan *et al.* (1998), Ramadan *et al.* (2000) e Abdel Gawad (2001).

Os invertebrados macro-bentónicos encontrados no rio Nilo abrangem um conjunto diversificado de grupos animais, incluindo Mollusca, Annelida, Crustacea e os estádios imaturos de insectos aquáticos. Estes grupos apresentam uma diversidade notável.

Nas duas últimas décadas, numerosos estudos incidiram sobre a fauna de moluscos do Nilo egípcio. Entre estes contam-se os trabalhos de Gabal (2007), Abdel Gawad (2009), El-Shabrawy & Fishar (2009), Damme & Bocxlaer (2009), Hussein *et al.* (2011), Abd El-Wakeil *et al.* (2013, 2014), Abdel Gawad & Abdel Mola (2014), Abdel Mola & Abdel Gawad (2014), El-Khayat *et al.* (2017), Ibrahim *et al.* (2018), Abdel Wahab *et al.* (2018), Ibrahim & Ahmed (2019) e Abdel Gawad (2019). Além disso, El-Shabrawy & Goher (2011) realizaram uma investigação sobre a limnologia dos lagos do Delta do Nilo.

Apesar dos numerosos estudos ecológicos sobre os invertebrados macro-bentónicos do rio Nilo egípcio e dos seus afluentes, não existem catálogos exaustivos que categorizem as espécies de acordo com um esquema filogenético. Uma exceção notável é o trabalho de Ibrahim *et al.* (1999), que se centra nos moluscos de água doce do Egito. O catálogo atual é um extrato de uma tese de mestrado intitulada "Estudos ecológicos sobre invertebrados macrobentónicos no rio Nilo", apresentada pelo primeiro autor em 1995.

Em particular, os inventários de espécies em estudos ecológicos podem não ser inteiramente fiáveis. Isto deve-se ao facto de as normas taxonómicas mundiais não serem continuamente respeitadas.

A estimativa e a gestão da biodiversidade são cruciais para o desenvolvimento sustentável de ecossistemas aquáticos como o rio Nilo, no Egito. Este catálogo faz avançar os nossos conhecimentos sobre a biodiversidade e poderá inspirar futuras investigações. Para avaliar adequadamente a saúde ecológica do rio, devem ser efectuados estudos de observação intermitentes. Estes estudos ajudarão a detetar alterações, quer devido ao desaparecimento de certos taxa, quer devido à introdução de novos taxa, tais como espécies exóticas ou não indígenas, que podem ter um impacto negativo na biodiversidade do ecossistema.

Este catálogo tem como objetivo fornecer uma redescrição abrangente de várias espécies de invertebrados macro-bentónicos registados no canal principal do rio Nilo egípcio. Constitui um recurso valioso para os investigadores no terreno, oferecendo um guia detalhado de identificação das espécies. O objetivo do catálogo é apoiar estudos de investigação e melhorar a precisão da identificação das amostras.

Materiais e métodos

Este estudo centrou-se num troço de 740 km ao longo do canal principal do rio Nilo egípcio. Foram selecionadas nove estações para representar a variabilidade ecológica: Esna, Luxor, Naga Hammadi, Sohag, Asyut, Al-Minya, Beni Suef, Helwan e El-Qanatir Al-Khayriyyah, estendendo-se de sul para norte (ver Figura 1). Existe um notável gradiente de altitude, que diminui de sul para norte. As estações de amostragem de Naga Hammadi e El-Qanatir Al-Khayriyyah representam habitats únicos influenciados pela presença de barragens. A amostragem nestes dois locais foi efectuada a montante das barragens, visando especificamente o microhabitat dos cursos de água lóticos de movimento lento. O quadro (1) mostra a composição dos sedimentos nas estações de amostragem.

Tabela (1). Composição dos sedimentos nas estações de amostragem.

Estação	Percentagem de			Tipo de sedimento
	cascalho	areia	lama	
Esna	--	99.4	0.56	Sandy
Luxor	41.9	57.8	0.23	Areia com cascalho
Naga Hammadi	--	75.2	24.7	Areia lamacenta
Sohag	--	99.2	0.71	Sandy
Asyut	--	99.8	0.13	Sandy
Al-Minya	--	99.6	0.44	Sandy
Beni Suef	--	99.8	0.16	Sandy
Helwan	--	78.2	21.7	Areia lamacenta
El-Qanatir Al-Khayriyyah	--	28.1	71.8	Lama arenosa

O tipo de sedimento na estação El-Qanatir Al-Khayriyyah é lama arenosa, caracterizada por substratos moles enriquecidos com matéria orgânica. Em contrapartida, as estações de Naga Hammadi e Helwan apresentam sedimentos arenosos lodosos, tendo a primeira estação uma mistura de detritos vegetais. As outras estações de amostragem apresentam predominantemente sedimentos arenosos, com exceção de Luxor, que é de areia cascalhenta.

De janeiro de 1991 a janeiro de 1992, foram colhidas amostras mensais da fauna macrobentosa com uma pinça de Ekman (com uma área de mandíbula de 15 cm por 15 cm, ver figura 2) e uma draga retangular Naturalist's (40 cm de largura, 25 cm de altura e uma rede de 500 µm de malhagem, ver figura 3). Enquanto a pinça de Ekman foi concebida para a recolha de amostras quantitativas, a draga fornece amostras qualitativas.

Em cada estação, foram colhidas três réplicas de amostras utilizando um amostrador de recolha de amostras entre janeiro e maio de 1991, com duas amostras colhidas nas margens oriental e ocidental e uma na zona intermédia do curso de água. De junho de 1991 a janeiro de 1992, a frequência de amostragem foi duplicada para seis amostras por mês em cada local de amostragem. Além disso, foi recolhida mensalmente uma amostra de dragagem em cada estação ao longo do ponto médio do curso de água. No total, foram colhidas mais de 550 amostras nas estações estudadas

No laboratório, as amostras de sedimentos foram cuidadosamente lavadas através de uma rede de malha de 500 μm e classificadas em grupos primários utilizando um estereomicroscópio Nikon com ampliação variável (10-40X). Cada grupo foi então examinado e posteriormente classificado em géneros ou espécies. Cada táxon foi conservado num frasco de vidro cheio de álcool etílico a 70% e devidamente etiquetado para identificação posterior.

As amostras foram identificadas utilizando materiais de referência relevantes e fotografadas com uma câmara profissional (Olympus OM-2N) equipada com uma lente macro. As fotografias impressas foram digitalizadas e digitalizadas para facilitar o acesso. Alguns espécimes foram também capturados com uma câmara digital (Nikon D3200). A nomenclatura aceite foi cruzada com o Registo Mundial de Espécies Marinhas (WRMS) para garantir a exatidão e ter em conta eventuais nomes sinónimos.

Fishar e Williams (2006) estudaram e monitorizaram a diversidade de macroinvertebrados no rio Nilo egípcio utilizando três métodos de amostragem. Entre setembro de 2001 e junho de 2002, foram utilizadas redes de Ekman, redes de varredura de macrófitas e amostradores de substrato artificial (ASS) para amostrar 15 locais de Aswan ao Cairo. Os resultados revelaram que o rio Nilo tem 50 taxa de macroinvertebrados, com uma diversidade mais elevada nas zonas das margens e mais baixa nas zonas do meio do curso de água. As curvas de acreção de táxones revelaram que uma recolha exaustiva de todos os táxones presentes num determinado local poderia ser conseguida através de um de três métodos de amostragem: 15 amostras de agarrar, 10 amostras de macrófitas ou 5 amostradores de substrato artificial (ASS).

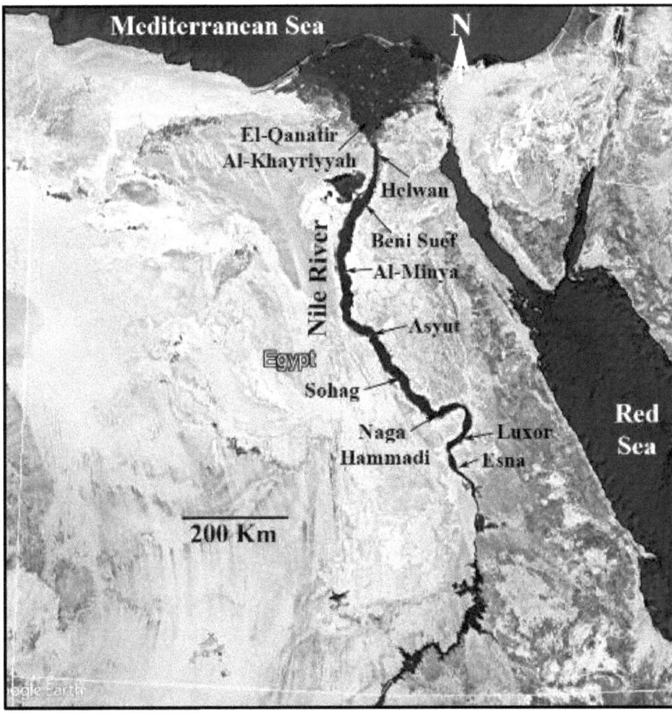

Fig.1. A área de estudo e as posições das estações de amostragem ao longo do rio Nilo (Modificado do Google Earth).

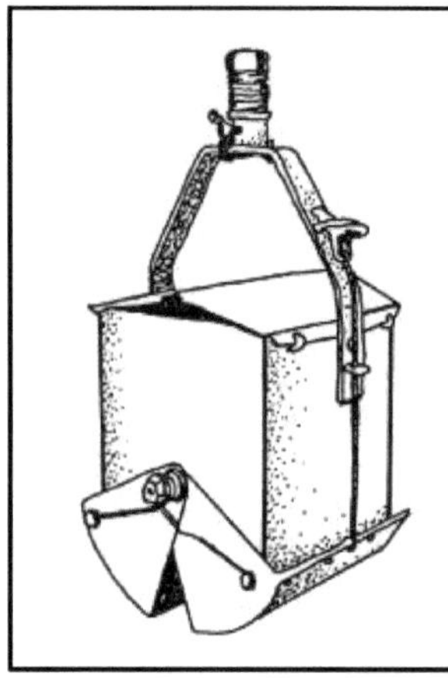

Fig.2. Agarramento de Ekman.

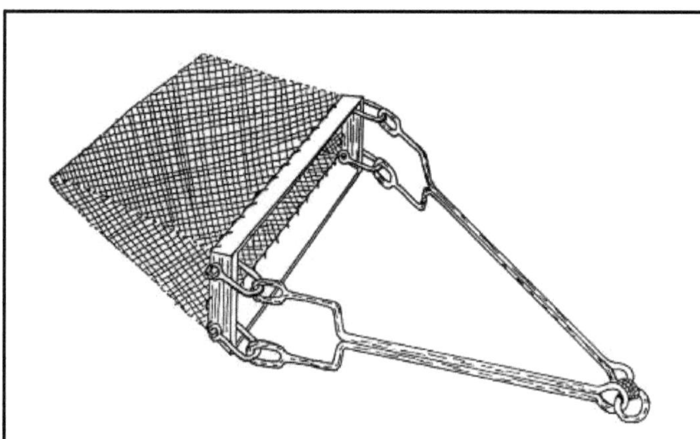

Fig.3. Draga retangular do naturalista.

Composição da comunidade de invertebrados macro-bentónicos na zona investigada:

A fauna de fundo na área estudada exibiu uma gama diversificada, abrangendo sete filos: Cnidaria, Platyhelminthes, Nemertea, Nematoda, Mollusca (incluindo Gastropoda e Bivalvia), Annelida, e Arthropoda (Crustacea e insectos aquáticos). Enquanto os primeiros quatro filos tinham apenas uma espécie representativa cada um, os restantes filos estavam mais amplamente representados.

O catálogo regista um total de 54 taxa, o que indica uma diversidade relativamente elevada da fauna macrobentónica. Esta diversidade pode ser atribuída principalmente a dois factores principais:

1. O número substancial de amostras analisadas, superior a 550 no total, expresso por mais de 60 amostras de cada estação de amostragem, fornecerá um conjunto de dados alargado para estimar a diversidade real na área de estudo.

2. A utilização de um amostrador de draga permitiu a recolha de espécies que podem escapar à garra, garantindo um levantamento mais abrangente.

Abreviaturas: L=larva, N=ninfa, P=pupa.

As figuras 4 a 13 fornecem representações visuais das estruturas gerais externas e/ou internas dos vários grupos animais abordados neste catálogo. Estas ilustrações oferecem informações valiosas sobre as caraterísticas anatómicas e morfológicas dos diferentes organismos abrangidos por esta compilação.

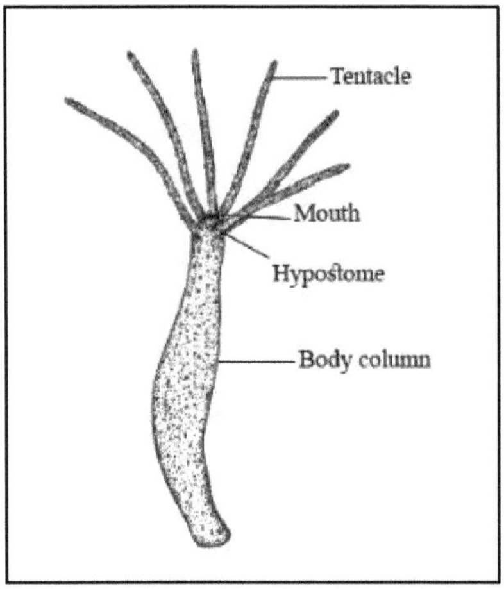

Fig. 4. Organização geral do género *Hydra*, filo Cnidaria (modificado de acordo com a Comissão do Rio Mekong, 2006).

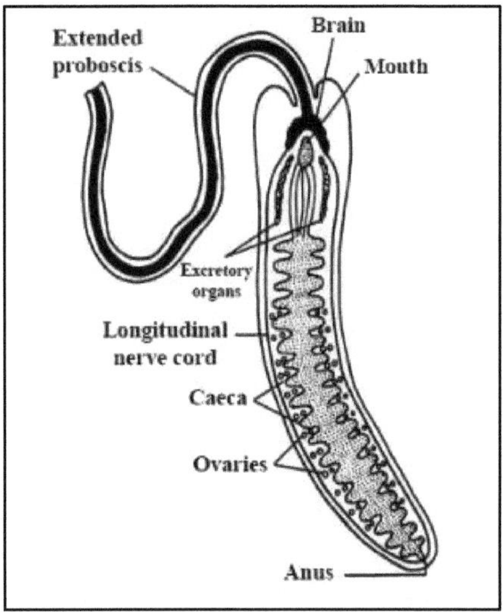

Fig. 5. Organização geral do filo Nemertea (modificado de acordo com a Comissão do Rio Mekong, 2006).

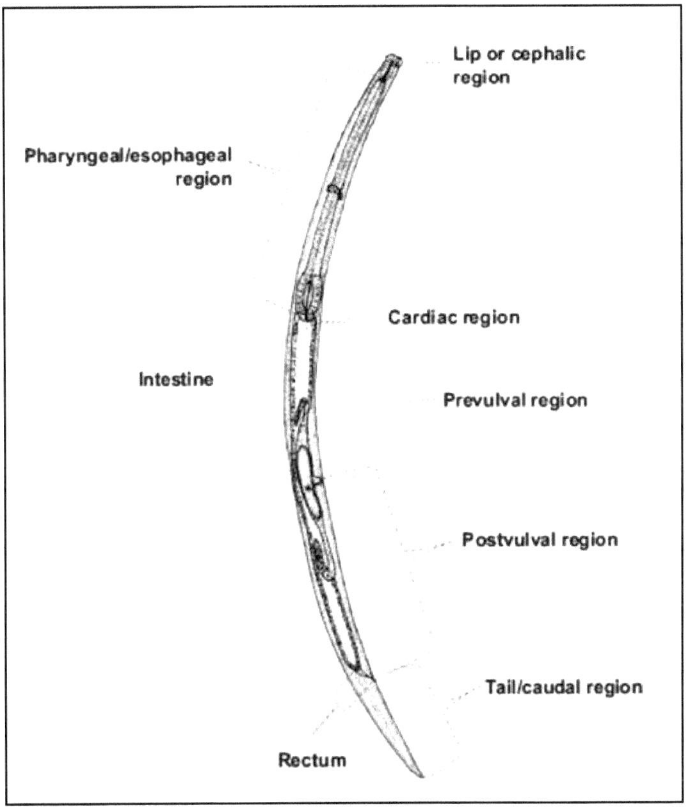

Fig. 6. Regiões gerais do corpo dos nemátodos (modificado de Li *et al.*, 2017).

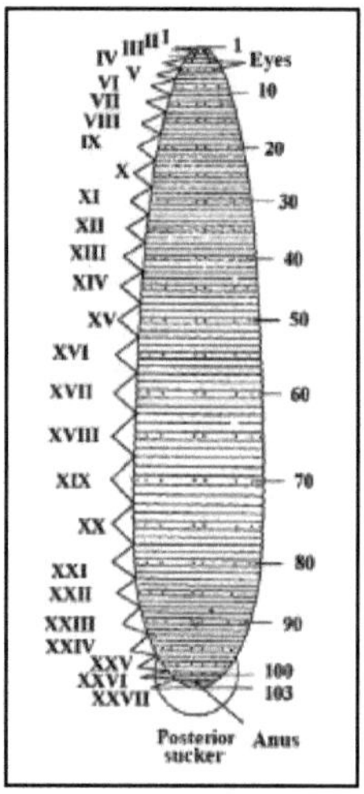

Fig. 7. Anulação externa visível com limites de somitos baseada num desenho da sanguessuga *Poecilobdella granulosa* (modificado de Harding & Moore, 1927).

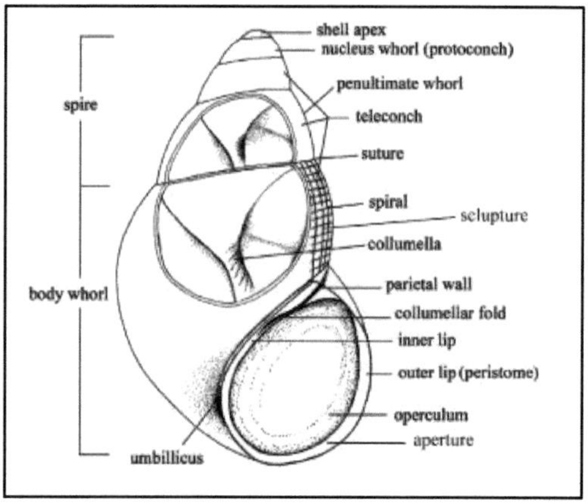

Fig. 8. Principais caraterísticas externas e secção longitudinal de uma concha típica de gastrópode, filo Mollusca (modificado de Mekong River Commission, 2006).

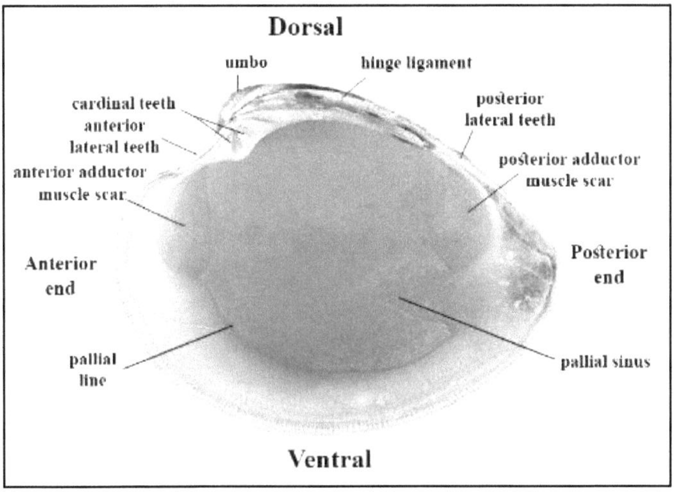

Fig. 9. Interior de uma concha de bivalve mostrando as principais caraterísticas taxonómicas, filo Mollusca (modificado de --------------).

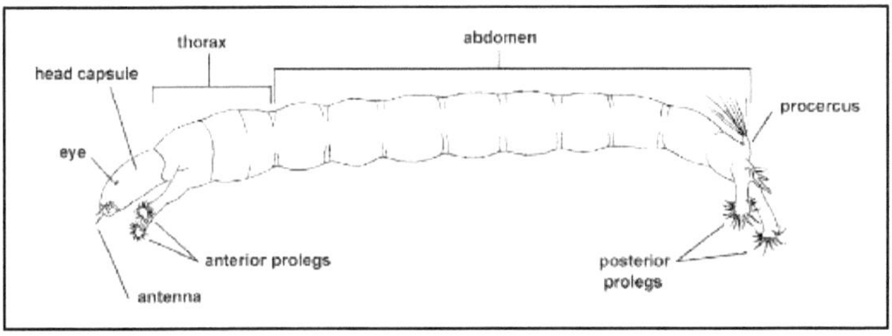

Fig. 10. Vista lateral de uma larva de Quironomídeo (Diptera) (modificado após Boucard, 2009).

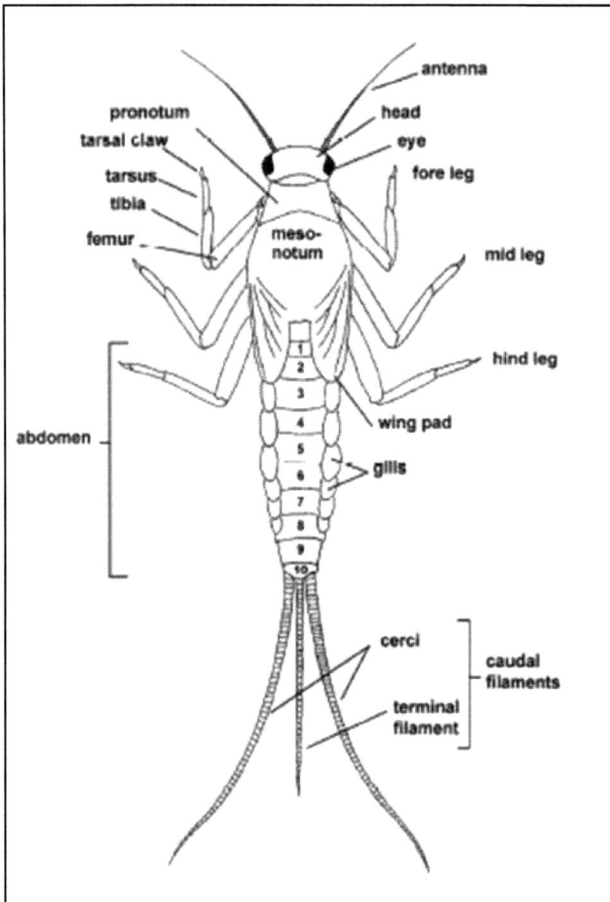

Fig. 11. Vista dorsal de uma larva de Ephemeropteran (modificado de Boucard, 2009).

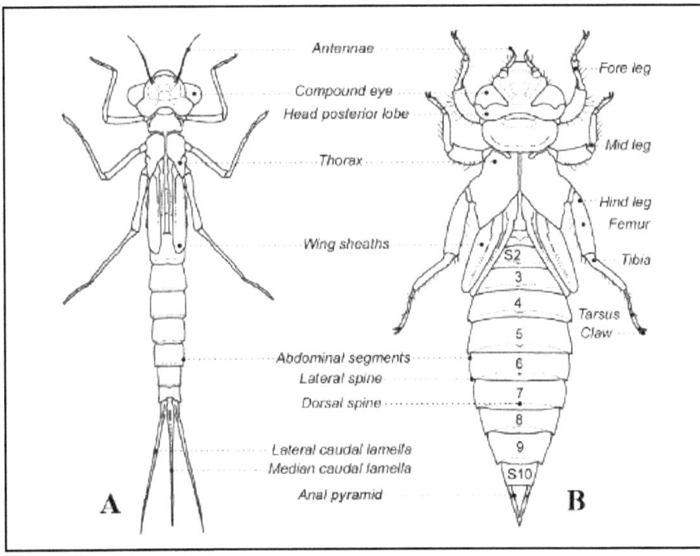

Fig. 12. Vista dorsal de larvas de odonata com as principais partes do corpo marcadas. A. Zygoptera e B. Anisoptera (modificado após Suhling *et al.*, 2014).

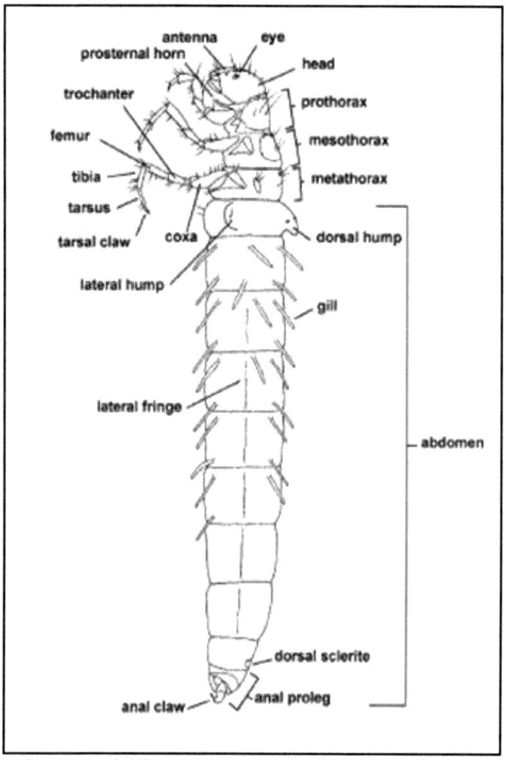

Fig. 13. Regiões gerais do corpo da larva de Trichopteran (modificado de Boucard, 2009).

Novos registos do canal principal do rio Nilo egípcio

Dos cinquenta e quatro taxa registados neste catálogo, sete são considerados novos registos para o canal principal do rio Nilo egípcio. Estes incluem o platelminto *Gieysztoria* sp., o nemerte *Prostoma* sp., o nemátodo *Dolichodorus* sp., o isópode *Agabiformius lentus* Budde-Lund, 1885, as ninfas de efemerópteros de *Caenis horaria* (Linnaeus, 1758) e *Cloeon dipterum* (Linnaeus, 1761) e as larvas de tricópteros *Ecnomus* sp.

Lista taxonómica, repartição faunística e descrições:

Os seguintes taxa, representando vários filos, foram recolhidos durante o período de amostragem:

Filo: Cnidaria
Classe: Hidrozoários
Ordem: Anthoathecata
Família: Hydridae
Género: *Hydra* Linnaeus, 1758
Hydra vulgaris Pallas, 1766
1- *Hydra vulgaris* Pallas, 1766 (Fig. 14)

Fig. 14. *Hydra vulgaris* Pallas, 1766

Nomes sinónimos:
Sinónimos de não aceite
Diagnóstico:

Pólipos sem pedúnculo distinto, o comprimento da coluna do corpo é variável, variando de 1,97 a 9,88 mm e a largura de 0,3 a 0,8 mm. Pólipo com tentáculos moniliformes transparentes, em número variável entre 5 e 7, atingindo até 3/4 da coluna. Com hipostoma de forma cónica, envolvendo a boca.

Observações:

Esta espécie pode ser distinguida da espécie congénere *Hydra oligactis* Pallas, 1766 pelo comprimento da coluna e pelo pedúnculo distinto (*H. oligactis* tem um comprimento que varia entre 15 e 25 mm, com a base nitidamente estreitada para formar um pedúnculo).

Habitat e distribuição:

Os pólipos do género *Hydra* são cnidários sésseis e solitários encontrados em corpos de água doce (Kaliszewicz, 2013). São definidos como carnívoros e predadores eficientes. No celenteron de *Hydra Vulgaris*, foram encontradas três categorias de itens alimentares: algas, fungos e pequenos invertebrados (Deserti *et al.*, 2017). Este género tem uma distribuição cosmopolita e encontra-se em todos os continentes, exceto na Antárctida (Jankowski *et al.*, 2008). No Egito, Mona *et al.* (1992) estudaram as fases de desenvolvimento dos nematocistos de *Hydra vulgaris* utilizando microscópios de luz e electrónicos. As amostras foram recolhidas em diferentes esgotos nas províncias de Gharbia e Monufia, na região do Delta do Nilo. Fishar (1995) registou esta espécie no lago Nasser, no sul do Egito. Fishar e Williams (2006) também a registaram no rio Nilo egípcio.

Este estudo revelou a presença de *H. vulgaris* em apenas duas estações, Naga Hammadi e Al-Minya, com uma maior abundância observada na primeira estação. A estação de Naga Hammadi é caracterizada por sedimentos arenosos lodosos, misturados com detritos vegetais.

Filo: Platyhelminthes
Classe: Turbelária
Ordem: Rhabdocoela
Família: Dalyelliidae
Género: *Gieysztoria* Ruebush & Hayes, 1939
Gieysztoria sp.

2- *Gieysztoria* sp. (Fig. 15)

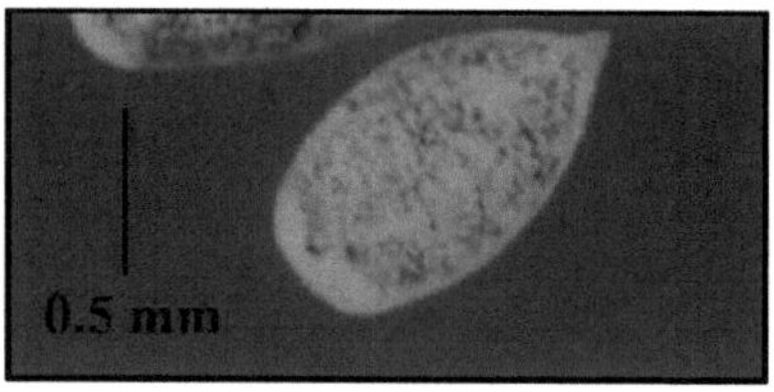

Fig. 15. *Gieysztoria* sp.

Nomes sinónimos:

Mesovórtice An der Lan, 1939
Microdalyellia (*Gieysztoria*) Ruebush & Hayes, 1939

Diagnóstico:

Comprimento do corpo até 1 mm e largura de cerca de 0,5 mm. A extremidade anterior do corpo é arredondada e afunilada. Cor acastanhada pálida, com dois olhos imediatamente anteriores ao cérebro. Dorsalmente, a extremidade anterior da faringe prossegue com o cérebro em forma de crescente. Para este género, a faringe altamente musculada é típica, conduzindo ao entrenó que se estende posteriormente até imediatamente antes do gonóporo. Na extremidade posterior da faringe, encontram-se células glandulares acessórias. O sistema reprodutor feminino com um único ovário, situado no lado direito do corpo; órgão copulador com estrutura esclerotizada, geralmente em forma de anel espinhoso.

Observações:

O género de Platyhelminthes Gieysztoria é um membro da família Dalyelliidae. Ruebush e Hayes publicaram a descrição inicial do género em 1939. É o género mais rico em espécies que habitam águas de muito baixa salinidade, com algumas espécies a ocorrerem em ambientes salobros ou marinhos (Van Steenkiste *et al.*, 2012). Em todo o mundo, foram descritas cerca de 90 espécies do ambiente de água doce (Lu *et al.*, 2013).

Habitat e distribuição:

Em África, o género *Gieysztoria* foi documentado por alguns autores. Young (1977) registou seis novas espécies de Dalyelliidae de habitats de água doce no Quénia, África Oriental. As espécies registadas foram: *Microdalyellia kenyae* (rio Kanyariri em Kiburu no Monte. Quénia), *Gieysztoria kolasai* (lago perto de Mariakani na estrada para Kaloleni), *Gieysztoria saganae* (vala estagnada em Sagana), *Gieysztoria donnae* (barragem em Karara Farm, Nairobi), *Gieysztoria joannae* (barragem Wellcome, Kabete, Nariobi) e *Gieysztoria papii* (lago Naivasha, Quénia). Também registou *Gieysztoria expedita* (Hofsten, 1907) na barragem de Kiserian Village, que tem uma ampla distribuição na Europa (Luther, 1955), e *G. rubra* (Fuhrmann, 1894) no rio E. Mariana, 14 km a leste de Kisima, no Monte Quénia; que foi encontrada no Lago Edward. Artois *et al.* (2004) descreveram quatro novas espécies de vermes de água doce de piscinas rochosas efémeras no sudeste do Botsuana, incluindo duas espécies do género *Gieysztoria* (*G. isoldeae* e *G. faubeli*).

Gieysztoria sp. foi detectada em quatro estações: Esna, Naga Hammadi, Asyut e El-Qanatir Al-Khayriyyah, com a maior abundância observada nesta última estação, onde o sedimento argiloso é o tipo de sedimento dominante. Esta descoberta aumenta o nosso conhecimento sobre a distribuição e a presença ecológica do género *Gieysztoria* no ecossistema do rio Nilo, contribuindo para uma melhor compreensão da sua gama de habitats e preferências.

Filo: Nemertea
Classe: Hoplonemertea
Ordem: Monostilifera
Subordem: Eumonostilifera
Família: Prostomatidae
Género: *Prostoma* Dugès, 1828
Prostoma sp.

3- *Prostoma* sp. (Fig. 16)

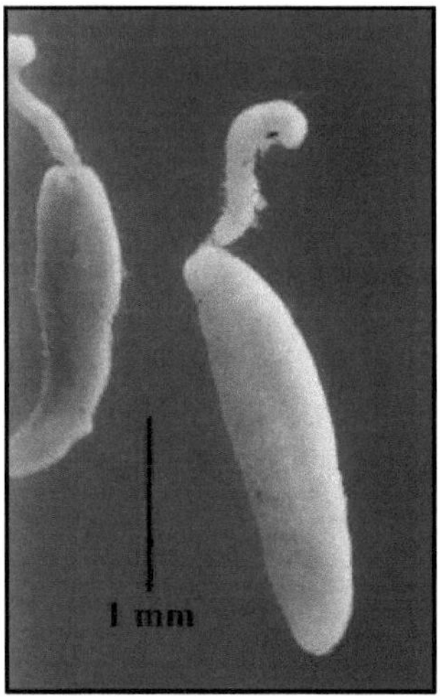

Fig. 16. *Prostoma* sp.

Nomes sinónimos:

Sinónimos de não aceite

Diagnóstico:

Verme, liso, compacto, corpo não segmentado, sem apêndices ou cerdas, quase afilando posteriormente. Probóscide longa e musculada anteriormente, com a boca aberta por baixo e munida de estilete apical. Esta probóscide, quando não está a ser utilizada, está recolhida num saco (rinchocoel). Abertura do ânus na extremidade posterior. Comprimento do corpo variável, com um máximo de 30 mm.

Observações:

Das 1.280 espécies de Nemertea marinhas descritas, apenas 22 habitam águas doces, destas, o género *Prostoma* (Prostomatidae) contém a maioria das espécies de água doce (Kajihara *et al.*, 2008; Sundberg & Gibson, 2008; Strand & Sundberg, 2015).

Habitat e distribuição:

Os nemerteanos (proboscis worms) são principalmente predadores e colectores; existem em zonas litorais pouco profundas e muito oxigenadas de águas paradas e em remansos preguiçosos de riachos australianos (Williams, 1980; Hawking & Smith, 1997). Alguns membros do género *Prostoma* vivem em rios e riachos de fluxo lento na América do Norte e do Sul, Japão, Europa, África, Austrália e Ásia tropical (Williams, 1980; Kolasa, 1991; Dudgeon, 1999).

Prostoma sp. foi registada em cinco estações: Esna, Luxor, Naga Hammadi, Helwan, e El-Qanatir Al-Khayriyyah. A maior abundância foi observada na estação bem oxigenada de Esna (Abdel-Halim, 1993). Esta constatação realça a preferência desta espécie por habitats bem oxigenados no ecossistema fluvial.

Filo: Nematoda
Classe: Chromadorea
Ordem: Rhabditida
subordem: Tylenchina
Superfamília: Tylenchoidea
Família: Dolichodoridae
Género: *Dolichodorus* Cobb, 1914
Dolichodorus sp.

4- *Dolichodorus* sp. (Fig.17)

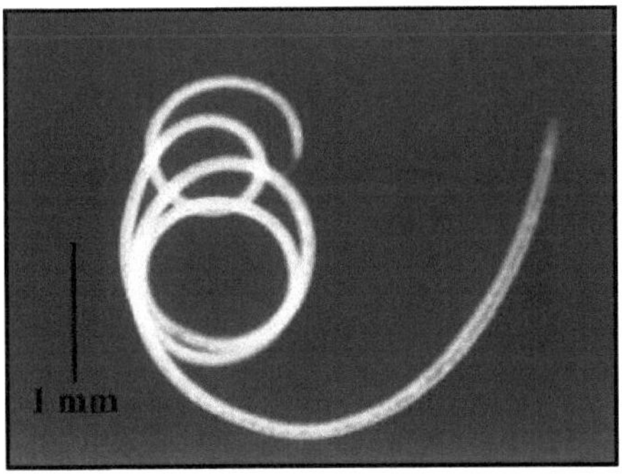

Fig. 17. *Dolichodorus* sp.

Nomes sinónimos:
Sinónimos de não aceite

Diagnóstico:

Nemátodo longo e delgado, com cutícula nitidamente anulada. Campo lateral (isto é, linhas laterais que correm de cada lado ao longo do corpo) com três incisões, areoladas. Aberturas anfidiais pequenas, com fendas laterais direcionadas. Região cefálica com quatro lóbulos salientes, com disco labial conspícuo. Região labial anulada e claramente deslocada (raramente lisa). Placa basal do aparelho alimentar com esclerotização maciça. Estilete do aparelho alimentar forte e longo (50-160 μm), uma unidade formada pelo odontótilo, que é uma estrutura tubular com extremidade anterior pontiaguda ou dente mural, que se abre no lado dorsal da sua extremidade anterior. Aparelho alimentar sem deirídeos. Em comum, a cauda da fêmea afunila subitamente para formar uma extremidade espiculada, raramente conoide. Bursa masculina (expansão cuticular em forma de asa na região da cauda) grande e trilobada, com espículas fortes. Gubernaculum (estrutura cuticular encontrada no lado posterior-dorsal das espículas) aparentemente saliente.

Observações:

A espécie tipo deste género (*D. heterocephalus*) foi registada no Michigan, EUA. Hodda *et al.* (2006) indicaram que, das 16 espécies pertencentes ao género *Dolichodorus*, apenas 4 espécies são encontradas em águas doces (incluindo apenas espécies com epítetos específicos e excluindo espécies citadas como 'sp.'). De notar que, no género *Dolichodorus*, o campo lateral tem três incisuras, enquanto que no género aliado *Neodolichodorus* tem quatro incisuras.

Habitat e distribuição:

O género *Dolichodorus* foi criado por Cobb (1914) quando nomeou *D. heterocephalus* a partir de espécimes recolhidos em água doce em Silver Springs, Florida e Douglas Lake, Michigan, EUA. Os membros deste género são sempre registados na água ou em torno das margens de lagos, ribeiros e lagoas, no solo húmido (Smart e Nguyen, 1991).

Dolichodorus sp. foi detectado em quatro estações: Esna, El-Minya, Helwan e El-Qanatir Al-Khayriyyah, com a maior abundância observada na estação de Esna. Esta descoberta amplia o nosso conhecimento sobre a distribuição e ecologia deste género no ecossistema do rio Nilo.

Filo: Annelida
Superclasse: Annelida incertae sedis
Classe: Polychaeta
Ordem: Sabellida
Família: Aeolosomatidae
Género: *Aeolosoma* Ehrenberg, 1828

5- *Aeolosoma* sp. (Fig. 18)

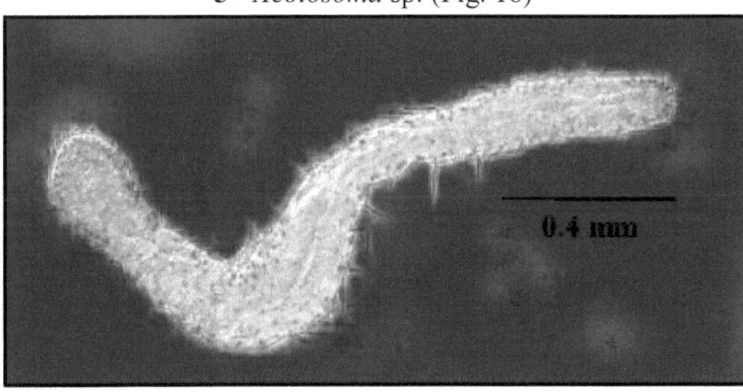

Fig. 18. *Aeolosoma* sp.

Diagnóstico:

Aeolosoma sp. são vermes minúsculos transparentes, muito finos com comprimento de 1,5-2 mm. O prostómio (primeiro segmento do corpo) é reconhecidamente mais largo do que o primeiro segmento do corpo, a segmentação é indistinguível quando o verme se contrai; epiderme com glóbulos coloridos, tipicamente de cor esverdeada ou amarelada; prostómio com sulcos eiliados. Caules de pêlos em forma de S com o mesmo comprimento, com 3-4 anteriores por feixe e 2 posteriores.

Observações:

O género *Aeolosoma* contém um número de espécies que podem ser distinguidas observando: a ocorrência de pêlos e de caudas de gancho, e a sua distribuição nos feixes anterior e posterior; a saída de gotículas de óleo na epiderme e a sua cor.

Habitat e distribuição:

Os Aeolosomatidae têm o nome comum de "vermes que se alimentam por sucção" e alimentam-se colocando o seu prostómio (primeiro segmento do corpo) sobre o substrato, criando um vácuo (Singer, 1978). *Os Aeolosoma* alimentam-se de protozoários, bactérias, algas e detritos.

Ao contrário da maioria dos poliquetas, estes vermes residem em ambientes de água doce em várias partes do mundo, como na Rússia (Lastochkin, 1935), na Grã-Bretanha (Brinkhurst, 1971), no mundo (Brinkhurst & Jamieson, 1971) e na América do Norte (Smith & Hendry, 1991). *Aeolosoma* sp. foi registado por Fishar (1995) no lago Nasser.

Este estudo revelou a presença de *Aeolosoma* sp. em seis estações: Esna, Sohag, Asyut, El-Minya, Beni Suef e Helwan. As maiores abundâncias foram observadas em Helwan e Sohag, respetivamente.

Filo: Annelida
Classe: Clitellata
Ordem: Haplotaxida
Família: Naididae
Género: *Branchiura* Beddard, 1892
Branchiura sowerbyi Beddard, 1892
6- *Branchiura sowerbyi* Beddard, 1892 (Fig. 19)
Nomes sinónimos:

Branchiura sowerbyi Beddard, 1892, p. 325, pI. XIX, Figuras 1-15; Chen, 1940, p. 90, Figura 27; Yamaguchi, 1953, p. 296; 1965, p. 541, Figura 180.1-3; Ohtaka, 1993, p. 35; Ohtaka & Nishino, 1995, p. 176.
Kawamllria japonica Stephenson, 1917, p. 89, Figura 105.

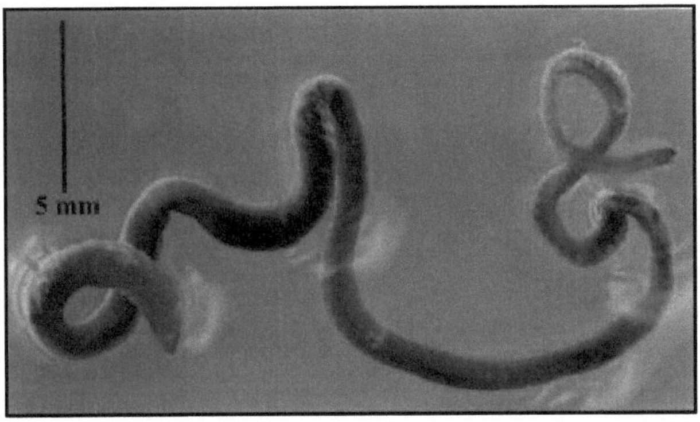

Fig. 19. *Branchiura sowerbyi* Beddard, 1892, corada com Rosa de Bengala.

Diagnóstico:

Verme quase comprido que ultrapassa um centímetro de comprimento, com largura de cerca de um milímetro ou mais, com afilamento de ambas as extremidades para uma ponta romba. Cor cinzenta rosada, com margens mais brancas e mais translúcidas. Verme com número variável de segmentos (74-116). O prostómio é rombudo e cónico. Existem três tipos de cerdas: agulhas de ponta simples e dupla, e cerdas pilosas; as cerdas pilosas ocorrem apenas no feixe dorsal, enquanto que as duas formas de agulhas ocorrem nos feixes dorsal e ventral.

No terço posterior do verme, as brânquias não ciliadas ocorrem ao longo das linhas médio-dorsal e médio-ventral, um par por segmento, com 38 a 55 pares, num número correspondente de segmentos. A partir do segmento II, começam os feixes dorsais, cada um com 3-4 cerdas de pêlos e 2-6 cerdas pectinadas. Pêlos em forma de baioneta, iguais, cerca de três vezes mais compridos que as cristas nos segmentos anteriores, diminuindo gradualmente para metade na região branquial. Anteriormente, cerdas ventrais 5-6 por feixe, diminuindo para 1-2 posteriormente. Clitelo (3 segmentos) em X-XII, cor esbranquiçada, sem cerdas ventrais no segmento XI. Abertura dorsal do ânus entre um lábio dorsal curto e um lábio ventral longo.

Observações:

Relativamente ao *B. sowerbyi*, é de notar que nunca foi documentado com brânquias posteriores noutro local que não o Lago Biwa, no Japão. Todos os indivíduos careciam de filamentos branquiais na zona profunda do lago norte, que se situa a mais de trinta metros de profundidade. A baixa temperatura da água do fundo (constantemente entre 6-8 °C) registada ao longo do ano está sobretudo relacionada com esta variação (Ohtaka e Nishino, 1995, 1999).

Kawamuria japonica Stephenson, 1917 foi considerada por Ohtaka e Nishino (1999) como uma variação infra-específica de *Branchiura sowerbyi*. Esta espécie não apresentava filamentos branquiais posteriores quando foi identificada pela primeira vez na zona profunda do lago Biwa.

Habitat e distribuição:

No fundo de riachos, tanques, canais; estes vermes encontram-se nos sedimentos de argila preta, em associação com *Limnodrilus hoffmeisteri* (Naidu, 1965). Este oligoqueta tem uma ampla distribuição na Europa, América do Norte, África, China e Japão (Naidu, 1965).

Neste estudo, *Branchiura sowerbyi* foi registada em cinco estações: Esna, Naga Hammadi, Sohag, Asyut e El-Qanatir Al-Khayriyyah. Nomeadamente, a maior abundância foi observada na estação de El-Qanatir Al-Khayriyyah, onde o sedimento dominante é o limo argiloso.

Filo: Annelida
Classe: Clitellata
Subclasse: Oligochaeta
Ordem: Tubificida
Subordem: Tubificina
Família: Naididae
Subfamília: Tubificinae
Género: *Limnodrilus* Claparède, 1862
Limnodrilus udekemianus Claparède, 1862

7- *Limnodrilus udekemianus* Claparède, 1862 (Fig. 20)
8-

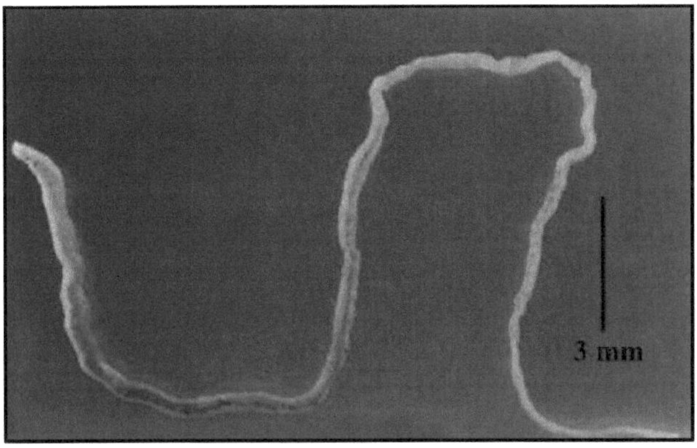

Fig. 20. *Limnodrilus udekemianus* Claparède, 1862

Nomes sinónimos:

Isochaeta virulenta Pointner, 1911
Limnodrilus inversus Gavrilov & Paz de Tomsic, 1949
Limnodrilus ornatus Eisen, 1879
Limnodrilus steigerwaldi Eisen, 1879
Limnodrilus steigerwaldii Eisen, 1879 (erro ortográfico)
Limnodrilus udekemianus var. *wordsworthianus* Friend, 1898
Limnodrilus variesetosus Brinkhurst, 1979
Limnodrilus willeyi Nomura, 1913
Limnodrilus wordsworthianus Friend, 1898

Diagnóstico:

É um verme tubificídeo longo que, quando maduro, apresenta bainhas cuticulares curtas no pénis no segmento XI e todas as caetas dorsais e ventrais bífidas a partir do segmento II. Existem 3-8 caetas nos feixes anteriores. As caetas anteriores *de L. udekemianus* são realmente únicas. Os dentes superiores dos feixes anteriores são facilmente distinguidos dos dentes inferiores, que são tipicamente muito pequenos ou vestigiais. Os dentes superiores estão também dobrados a cerca de 90 graus em relação ao eixo das caetas. Muito menos caetas e dentes mais iguais são encontrados nos feixes posteriores. Próstatas grandes, átrios minúsculos e vasa deferentia longa. As bainhas curtas do pénis (160-200 µm) têm um capuz com uma aba curta e são tipicamente 1-4 vezes mais compridas do que largas, ocasionalmente mais. Estão presentes espermatozóides e espermatecas. Ausência de celomócitos.

Observações:
A descrição original de *L. udekemianus* e do seu congénere *Limnodrilus hoffmeisteri* Claparède, 1862, provém de um ribeiro perto de Genebra, Suíça (Claparède 1862).

Fishar (1995) registou ambas as espécies no lago Nasser, no sul do Egito. Mas as caetas anteriores bífidas, que têm um dente superior grande e grosso e um dente inferior muito pequeno dobrado num ângulo reto em relação ao eixo das caetas, são a principal caraterística que distingue *L. udekemianus*. Com bainhas penianas curtas no segmento XI dos adultos, que são na sua maioria 1-4 vezes mais compridas do que largas. Por outro lado, *Limnodrilus hoffmeisteri* é **caracterizado** pelos dentes superiores que são tão longos ou mais longos do que os inferiores, geralmente mais finos do que os inferiores. Com bainhas do pénis longas que são mais de 4 vezes mais compridas, chegando a ser 14 vezes mais compridas do que largas.

Habitat e distribuição:

Limnodrilus udekemianus, um verme oligoqueta de água doce cosmopolita, tem uma ampla distribuição em vários continentes. É nativo da América Central e do Norte, Europa e Ásia. Além disso, de acordo com Romero (2019), essa espécie também foi relatada em vários países da América do Sul, incluindo Chile, Peru, Colômbia, Guiana, Brasil, Uruguai, Paraguai e Argentina. Assim, *L. udekemianus* exibe uma ampla distribuição geográfica, destacando sua adaptabilidade e colonização bem-sucedida de habitats de água doce em todo o mundo. Esta espécie desenvolve-se em substratos moles em áreas litorais, demonstrando plasticidade ecológica ao habitar tanto ambientes organicamente enriquecidos como oligotróficos.

Limnodrilus udekemianus está bem distribuído ao longo de todos os locais estudados, com maior abundância nas estações El-Qanatir Al-Khayriyyah, Helwan e Naga Hammadi, respetivamente. A abundância máxima foi registada em El-Qanatir Al-Khayriyyah, caracterizada por substratos moles enriquecidos com matéria orgânica.

Limnodrilus hoffmeisteri, outra espécie estreitamente relacionada, está também amplamente dispersa em sedimentos de diferentes habitats de água doce (Kennedy, 1965), onde contribui significativamente para as redes alimentares bentónicas (Maciorowski *et al.* 1977; Woodward *et al.*, 2008).

Classe: Clitellata
Ordem: Rhynchobdellida
Família: Glossiphoniidae
Género: *Batracobdelloides* Oosthuizen in Sawyer, 1986
Batracobdelloides tricarinata (Blanchard, 1897)

8- *Batracobdelloides tricarinata* (Blanchard, 1897) (Fig.21)

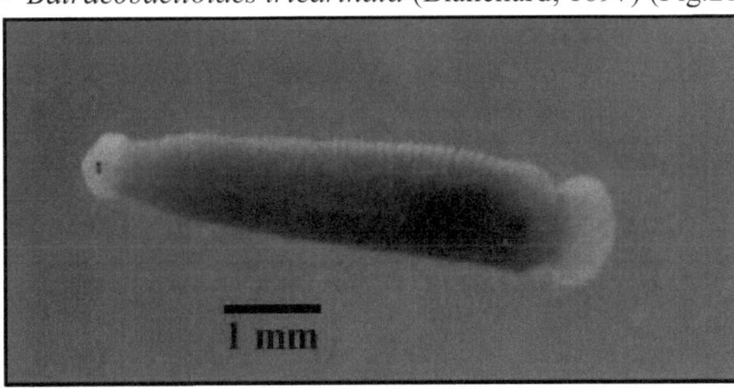

Fig. 21. *Batracobdelloides tricarinata* (Blanchard, 1897)

Nomes sinónimos:
Sem sinonímia

Diagnóstico:

O corpo é verde com uma tonalidade acastanhada; os espécimes conservados são cinzentos a brancos, os espécimes vivos são translúcidos. Sanguessugas esguias, lanceoladas e ovadas, com um comprimento máximo do corpo de 20 mm. A região da cabeça é triangular a bulbosa, com dois pares de olhos no somito III. O primeiro par é muito mais pequeno, próximo e situado mais profundamente do que o segundo par, enquanto o segundo par é grande e está situado centralmente no somito II. Somitos trianulados, poros genitais separados por dois anéis. O poro feminino está localizado em XII a2/a3, enquanto o masculino está localizado no sulco XI a3/XII a1. Em todos os anéis, há três fileiras longitudinais de papilas conspícuas: uma mediana e duas paramarginais. Na região pós-clitelar encontram-se quatro filas de manchas amarelo-alaranjadas intensas. Numerosas papilas minúsculas estão também distribuídas na superfície dorsal.

Observações:

Com base no estudo de (Oosthuizen, 2004), esta sanguessuga africana *Batracobdelloides tricarinata* é uma espécie distinta das espécies semelhantes *Helobdella tricarinata* e *Clepsine nilotica*, com alterações na forma do corpo e na tuberculação em diferentes fases de reprodução, sendo a causa da confusão anterior.

Habitat e distribuição:

Esta sanguessuga é um ectoparasita de peixes, locus typicus: Tanzânia, Mbahi Ugogo, ribeira de Bubu (Nesemann e Neubert, 1999). Al-Safadi & El-Shimy (1993) indicaram que *B. tricarinatus* se encontra tanto na África Oriental como na África do Sul, bem como no sudoeste da Península Arábica (República do Iémen). No Egito, vive no rio Nilo. Fora do Egito, há outros registos nas planícies costeiras de Israel e na zona da Galileia (Nesemann e Neubert, 1999).

Este estudo apresenta apenas dois indivíduos, um dos quais nas estações de Naga Hammadi e El-Qanatir Al-Khayriyyah. Ambas as estações representam um habitat de barragem, enquanto as amostras foram recolhidas a montante.

Género: *Alboglossiphonia* Lukin, 1976

Alboglossiphonia polypompholyx Oosthuizen *et al.*, 1988

9- *Alboglossiphonia polypompholyx* Oosthuizen *et al.*, 1988 (Fig. 22)

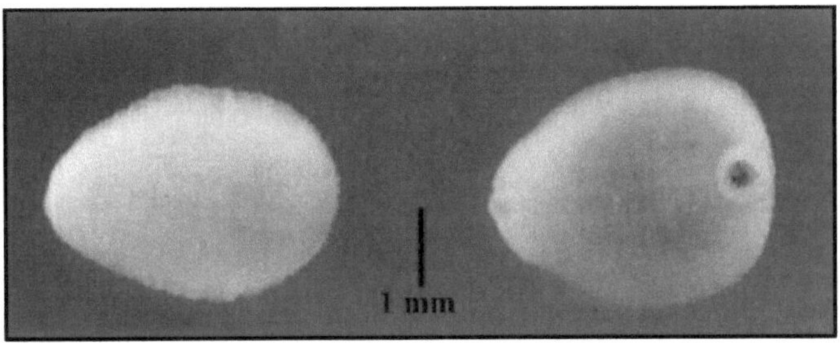

Fig. 22. *Alboglossiphonia polypompholyx* Oosthuizen *et al.*, 1988

Nomes sinónimos:
Sem sinonímia

Diagnóstico:

Sanguessugas com um comprimento de corpo de 1,2-4 mm, pequenas e achatadas. Nos espécimes que estão relaxados, a cabeça é ligeiramente bulbosa. Três pares de olhos estão presentes e dispostos num padrão triangular, com o primeiro par sempre coalescente e confinado ao somito IV. O segundo e o terceiro pares de olhos ocorrem no somito V e têm um amplo espaço entre eles, mas convergem de cada lado. Ventosa cefálica cupuliforme com bordas espessadas. Ventosa posterior pequena, redonda, com borda espessa e ventre profundamente côncavo.

Somitos trianulados, poros genitais separados por dois anéis. O poro feminino está localizado em XII a2/a3, enquanto o masculino está localizado em XII a2/a1. A superfície dorsal apresenta numerosas papilas com um padrão irregular. O corpo é castanho claro com riscas longitudinais castanhas escuras ocasionais na superfície dorsal.

Observações:

A localidade-tipo de *Alboglossiphonia polypompholyx* no Egito é o rio Nilo em El Mansura, canal Talkah (Oosthuizen, *et al.*, 1988; Nesemann, e Neubert, 1999). Uma nova espécie deste género (*Alboglossiphonia levis*) foi registada por (Gouda, 2010) na província de Assiut, no Egito.

Habitat e distribuição:

Alboglossiphonia polypompholyx passa uma grande parte do seu tempo de vida como ectoparasita na cavidade do manto do caracol *Bulinus truncatus* (Audoin, 1827), que é provavelmente o seu principal hospedeiro. *O A. polypompholyx* adulto deixa o caracol cerca de um mês antes do início da postura dos ovos (El-Shimy e Davies, 1991).

Este estudo apresenta registos apenas nas estações Esna e El-Qanatir Al-Khayriyyah, com abundância máxima na última estação, caracterizada por substratos moles enriquecidos com matéria orgânica.

Género: *Helobdella* Blanchard, 1896

Helobdella conifera (Moore, 1933) (Fig.)

10-*Helobdella conifera* (Moore, 1933) (Fig. 23)

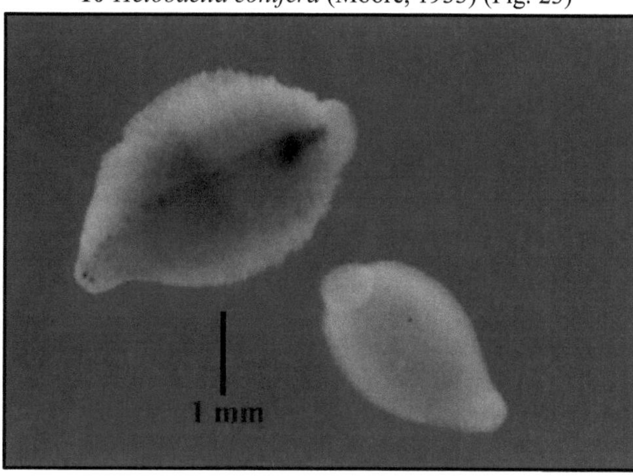

Fig. 23. *Helobdella conifera* (Moore, 1933)

Nomes sinónimos:

Sem sinonímia

Diagnóstico:

As sanguessugas são pequenas, com uma morfologia ovada larga, profundamente deprimida e afunilando para uma cabeça pequena e arredondada, medindo até 15 mm de comprimento. Um único par de olhos grandes está localizado na metade caudal do anel anterior maior do somito III. Diz-se que esta espécie tem apenas quatro cecos de colheita.

Somitos trianulados, poros genitais separados por um anel. O poro feminino está localizado em XII a2/a3, enquanto o masculino está localizado no sulco XII a1/a2. As papilas cutâneas formam cinco séries, todos os ânulos têm três filas longitudinais de papilas proeminentes, com uma papila particularmente grande em a2. Lateralmente, existe uma única fila de papilas mais pequenas. As papilas são cones baixos distintos que contêm muito pigmento preto. Os espécimes vivos têm uma cor bege, outros apresentam cromatóforos transversais castanhos ténues. A cor branca pura é a cor dos espécimes preservados.

Observações:

De acordo com Negm-Eldin *et al.* (2000), uma nova espécie de sanguessuga de água doce, *Helobdella nilae*, do Delta do Nilo, Egito, é caracterizada por caraterísticas morfológicas distintas. Destaca-se pelo facto de ter cinco pares de cecos simples, o par posterior dos quais se estende como postcaeca, e uma glândula nucal dorsal (escudo) no somito VII. Além disso, cinco pares de testículos esféricos compactos e uma superfície dorsal não pigmentada, sem papilas e sensilas, são caraterísticas de H. nilae. A boca está localizada subapicalmente e é circundada por várias fossas, simples ou emparelhadas (poros). Estas caraterísticas únicas distinguem coletivamente *H. nilae* como uma espécie distinta dentro do seu género.

Habitat e distribuição:

A localidade tipo desta espécie é o Uganda, no lago Runyoni, entre ervas daninhas ao longo da margem (Moore, 1933). Sabe-se que se alimenta de moluscos de água doce (Nesemann, e Neubert, 1999). *H. conifera* foi registada em alguns países de África (Sciacchitano, 1963; Soos 1969; Oosthuizcn & Curtis, 1990; Wliken & Appleton, 1991; Davies *et al.*, 1997) incluindo o Egito (El-Shimy, 1987, 1990; El-Shimy & Hamada, 1990; El-Shimy & Obuid-Allah, 1992) e também Israel (Bromley, 1994). Nesemann e Neubert (1999) referem que esta espécie é conhecida da África oriental e meridional, do Nilo egípcio, do sudoeste da Península Arábica e da Galileia em Israel.

Este estudo apresenta registos apenas nas estações de Esna, Naga Hammadi e El-Qanatir Al-Khayriyyah, com abundância máxima na estação de Naga Hammadi. A estação de Naga Hammadi é caracterizada por sedimentos arenosos lodosos, misturados com detritos vegetais.

Ordem: Arhynchobdellida
Família: Salifidae
Género: *Barbronia* Johansson, 1918
Barbronia assiuti Hussein & El-Shimy, 1982
11-*Barbronia assiuti* Hussein & El-Shimy, 1982 (Fig. 24)

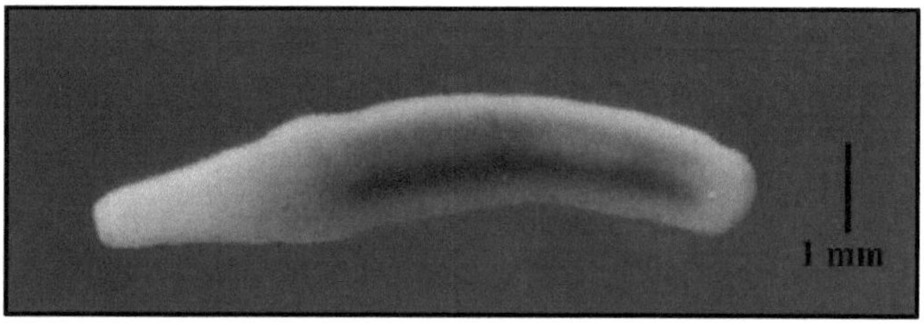

Fig. 24. *Barbronia assiuti* Hussein & El-Shimy, 1982

Nomes sinónimos:
Sem sinonímia

Diagnóstico:

O comprimento variável do corpo varia entre < 20 e 40 mm, de cor acinzentada, com uma convexidade dorsoventral. O corpo é composto por 34 segmentos, que estão divididos em anéis superficiais. Estes segmentos estão ainda organizados em cinco regiões distintas: cefálica, pré-clitelar, clitelar, média e caudal ou terminal.

A zona cefálica é constituída por cinco segmentos, incluindo a ventosa anterior, que se abre ventralmente para a abertura da boca. Dorsalmente, existem três pares de olhos, que aparecem como manchas escuras. O primeiro par, conhecido como par labial, é maior do que os outros dois pares, chamados olhos vestibulares, que estão localizados nos lados do segmento IV. O primeiro par está posicionado no segmento II. Nos espécimes vivos, existem 8-10 papilas extremamente pequenas na superfície dorsal de cada anel.

As papilas são claramente visíveis tanto no lado ventral como no lado dorsal da região média, especialmente quando o espécime é fixado no líquido de Bouin. Esta região estende-se por 15,5 segmentos e constitui a maior parte do corpo.

Os últimos sete segmentos do corpo constituem a região terminal ou caudal, com anéis de dimensões mais reduzidas. Dorsalmente, esta região apresenta muitas papilas dispostas em filas longitudinais. O ânus está localizado na face dorsal, posicionado à frente da ventosa posterior, entre o terceiro e o quarto anel. Esta ventosa posterior é musculada e maior do que a ventosa anterior.

Observações: O holótipo desta espécie foi descoberto como espécie nova nos canais de água doce da quinta da Faculdade de Agricultura da Universidade de Assiut, Egito e, por isso, o nome foi dado com base na localidade da descoberta (Hussein & El-Shimy, 1982). Estes autores referiram que são conhecidas quatro espécies do género *Barbronia* Johansson, 1918. Estas são *B. assiuti*, *B. rouxi* (Johansson, 1918), *B. weberi* (Blanchard, 1897), e *B. delicata* (Moore, 1939). A primeira pode ser facilmente diferenciada das outras 3 espécies pela observação das papilas, mandíbulas e estiletes faríngeos. A primeira espécie tem papilas nas superfícies dorsal e ventral, enquanto que as outras 3 espécies têm papilas apenas na superfície dorsal. As mandíbulas e os estiletes faríngeos estão completamente ausentes em *B. assiuti*, enquanto que nas outras 3 espécies existem três pares de estiletes nas cristas faríngeas.

Habitat e distribuição:

A Barbronia assiuti foi distribuída nos canais de água doce da província de Assiut (Hussein & El-Shimy, 1982).

Este estudo apresenta registos apenas nas estações Esna, Naga Hammadi, Asyut e El-Qanatir Al-Khayriyyah, com abundância máxima nesta última estação. A estação El-Qanatir Al-Khayriyyah é caracterizada por substratos moles enriquecidos com matéria orgânica.

Filo: Mollusca
Classe: Gastropoda
Subclasse: Neritimorpha
Ordem: Cycloneritida
Família: Neritidae
Género: *Theodoxus* Montfort, 1810

Theodoxus jordani (G. B. Sowerby I, 1836)

12-*Theodoxus jordani* (G. B. Sowerby I, 1836) (Fig. 25)

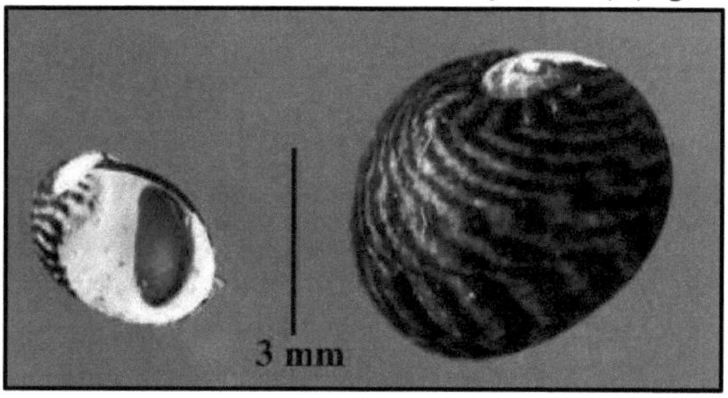

Fig. 25. *Theodoxus jordani* (G. B. Sowerby I, 1836)

Nomes sinónimos:
Neritina nilotica Reeve, 1841

Diagnóstico:

Cor da concha: Riscas pretas ou púrpura-escuras sobre fundo branco ou amarelo-pálido, distribuídas em padrões ondulados. A concha é dextral e hemisférica, de forma mais ou menos cónica, com tendência para o alongamento do último verticilo. Quando observada pela face dorsal, apresenta-se como um cone encurtado, com uma base larga, arredondada e inclinada e um espiráculo obtuso excecionalmente curto. Uma sutura pouco profunda separa os três verticilos espiralados da concha, sendo estes verticilos mais arredondados na periferia. Abertura semicircular a globosa, com a forma exacta da letra D. O lábio exterior da abertura está inclinado para baixo, num ângulo extremamente agudo, em direção à columela. A concha não tem umbigo, o que provoca uma torção da margem columelar. O opérculo é um disco calcário fofo, semi-ovado, com uma apófise na sua superfície interna. A escultura da concha é composta por faixas axiais oblíquas onduladas de espessura variável. Estas riscas são variáveis, variando de largas e poucas a estreitas e numerosas, mas numa mesma colónia predominam tipos de riscas semelhantes. A forma mais comum de riscas é a larga. O grau de ondulação da estrutura estriada varia significativamente, não só dentro de uma mesma colónia, mas também dentro de uma mesma concha. As formas largas podem inicialmente mostrar um ziguezague, mas nunca se observa um ziguezague extremo com estreitamento nas colónias de bandas largas. As linhas de crescimento também estão presentes e são distintas.

Observações:

Abdel-Hafez e Ismail (1983) descreveram dois tipos de cercárias, *Cercaria theodoxi* I e *C. theodoxi* II, encontradas no prosobrânquio de água doce *Theodoxus jordani* (Sowerby, 1836). Estes foram recolhidos no rio Yarmouk em 1982. O seu estudo incidiu sobre a morfologia, o comportamento e o desenvolvimento destes organismos no caracol hospedeiro.

Habitat e distribuição:

Encontra-se normalmente em colónias em diferentes habitats dos cursos de água de fluxo lento. Esta espécie está normalmente associada a várias plantas aquáticas, incluindo *Potamogeton crispus*, *Ceratophyllum demersum* e *Myriophyllum spicatum* (Ibrahim *et al.*, 1999).

Ibrahim *et al.* (1999) indicaram que *Theodoxus niloticus* está distribuído em todas as zonas do rio Nilo egípcio, incluindo o lago Nasser, a corrente principal e os dois afluentes (Rosetta e Damietta). Fora do Egito, esta espécie foi registada na Etiópia, no Nilo Azul, abaixo do lago Tana (Bourguignat, 1883) e perto de Massawa (Bacci, 1951).

Este estudo apresenta registos em várias estações (Esna, Naga Hammadi, Sohag, Asyut, Helwan e El-Qanatir Al-Khayriyyah), com abundâncias máximas tanto na primeira como na última estação.

Subclasse: Caenogastropoda

Ordem: Architaenioglossa
Superfamília: Viviparoidea

Família: Viviparidae
Subfamília: Bellamyinae
Género: *Bellamya* Jousseaume, 1886

Bellamya unicolor (Olivier, 1804) (Fig.)

13-*Bellamya unicolor* (Olivier, 1804) (Fig. 26)

Fig. 26. *Bellamya unicolor* (Olivier, 1804)

Nomes sinónimos:
Sinónimos de não aceite

Diagnóstico:

A cor da concha varia de amarelada clara a acastanhada escura. Concha dextral, delgada nos jovens e por vezes delicada, tornando-se espessa, dura, afilada nos completamente maduros e com um longo espiráculo de ápice pontiagudo. Concha sem umbigo, com uma columela oca. A escultura da concha é constituída por estrias inclinadas uniformes delicadas e linhas de crescimento transversais finas. A forma das espirais varia de carenada a uniformemente convexa. O maior verticilo é geralmente o último, que se achata no perímetro e produz duas angulações rombas e obtusas. Os verticilos curvos demonstram condições ribeirinhas, as conchas tendem a tornar-se angulosas e/ou a desenvolver cristas. Opérculo córneo, fofo, flexível e concêntrico, com forma quase circular.

Observações:

Yasssin *et al.* (1991) investigaram os cariótipos e as medidas das conchas de duas espécies de gastrópodes, *Bellamya unicolor* e *Lanistes bolteni*, recolhidas em vários locais perto da cidade de Qena, no Alto Egito. O estudo revelou um número básico de cromossomas diplóides de 18 em *B. unicolor* e 26 em *L. bolteni*.

Habitat e distribuição:

Comum em todos os tipos de massas de água, quer sejam lóticas ou lênticas, e geralmente com números consideráveis distribuídos em colónias. De um modo geral, está ligado ao caracol *Lanistes* sobre rochas ou qualquer outro substrato, mas ocasionalmente associa-se à planta *Ceratophyllum demersum* (Ibrahim *et al.*, 1999).

Ibrahim *et al.* (1999) referiram que *B. unicolor* se distribui ao longo do rio Nilo egípcio e dos seus cursos de água fundamentais e do lago Nasser. Fora do Egito, Brown (2005) indicou que esta espécie se distribui em massas de água lênticas e lóticas e em lagos da África tropical, incluindo a sul de Cartum no Nilo Branco, o lago Tana no Nilo Azul, o lago Chade, o rio Níger e o rio Senegal ao longo do centro e oeste de África.

Este estudo revelou a presença de *B. unicolor* em três estações distintas ao longo do rio: Naga Hammadi, Helwan, e El-Qanatir Al-Khayriyyah. De notar que foi observada uma abundância surpreendentemente elevada de indivíduos na estação de El-Qanatir Al-Khayriyyah, que se caracteriza por substratos moles enriquecidos com matéria orgânica.

Superfamília: Ampullarioidea
Família: Ampullariidae
Género: *Lanistes* Montfort, 1810
Lanistes boltenianus (Röding, 1798)
14-*Lanistes boltenianus* (Röding, 1798) (Fig. 27)

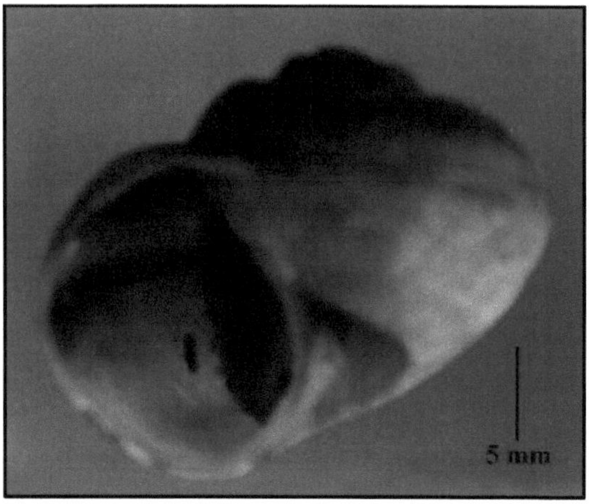

Fig. 27. *Lanistes boltenianus* (Röding, 1798)

Nomes sinónimos:

Sinónimos de não aceite

Diagnóstico:

A cor da concha varia de amarelada pálida nos indivíduos jovens a acastanhada escura nos adultos, muitas vezes com bandas de cor amarelada. A concha é sinistral, fofa e por vezes estaladiça nos caracóis jovens, tornando-se espessa, dura e algo globosa nos indivíduos adultos. É mais larga do que comprida, com um umbigo extremamente largo que é tipicamente angulado ao longo dos seus limites exteriores e à volta do umbigo. O ápice é rombo, com uma espira moderadamente elevada ou deprimida. Nas duas primeiras espirais da concha, a carina dos caracóis jovens é proeminente e afiada. No interior do umbigo, finas estrias de escultura continuam a correr paralelamente às linhas de crescimento. O lado superior da abertura é mais largo do que o lado umbilical, formando uma forma quase oval. Enquanto o lábio interno da abertura está estreitamente ligado à columela, o lábio externo é quase convexo. O opérculo é um disco fino, elástico, oval, córneo e acastanhado.

Observações:

De acordo com Ibrahim *et al.* (1999), esta espécie foi reconhecida por dois nomes: *L. carinatus* e *L. bolteni*. No primeiro caso, as espirais da concha são carenadas, enquanto no segundo são arredondadas. No entanto, o estudo electroforético de (Abdelmordy *et al.*, 1997) confirmou que não existem variações interespecíficas entre eles e que ambos representam apenas uma espécie. Yousif e Ibrahim (1978) relataram a ocorrência de larvas infecciosas do nemátodo do pulmão do rato, *Angiosrongylus cantonensis*, no caracol.

Habitat e distribuição:

As colónias desta espécie são descobertas aderindo a várias superfícies como seixos, embalagens de plástico e rodas de borracha em valas e piscinas inundadas pela chuva e pela corrente principal do Nilo. De acordo com Ibrahim *et al.* (1999), está associada a muitas plantas aquáticas, incluindo *Potamogeton nodosus* e *Najas marina* subsp. *armata*, bem como a outros gastrópodes como *Bellamya* e *Cleopatra*.

Ibrahim *et al.* (1999) referem que *L. boltenianus* se distribui em todas as zonas do rio Nilo egípcio, desde o Alto Egito (lago Nasser) até ao Baixo Egito (os dois afluentes, Rosetta e Damietta). Fora do Egito, a espécie distribui-se em massas de água lênticas e suas extensões (planícies aluviais e pântanos) da drenagem do Nilo entre o lago Kyoga e o Egito. Além disso, de acordo com DBL (1973), distribui-se nas zonas costeiras do Sudão, Etiópia, Uganda, Quénia e Somália.

Este estudo apresenta apenas dois indivíduos, um dos quais nas estações de Naga Hammadi e El-Qanatir Al-Khayriyyah. Ambas as estações representam um habitat de barragem, enquanto as amostras foram recolhidas a montante.

Lanistes varicus (O. F. Müller, 1774)

15-*Lanistes varicus* (O. F. Müller, 1774) (Fig. 28)

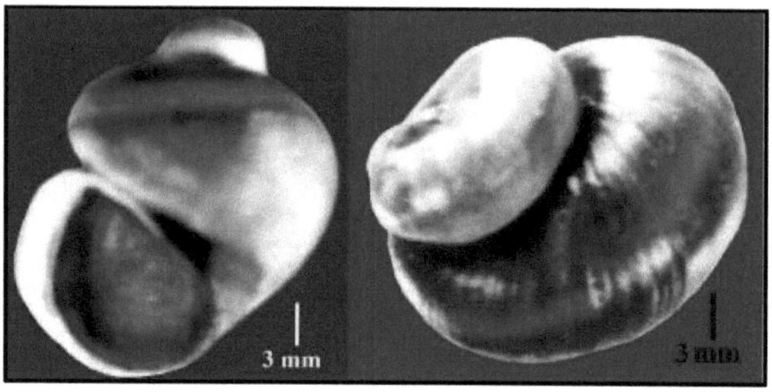

Fig. 28. *Lanistes varicus* (O. F. Müller, 1774)

Nomes sinónimos:

Sinónimos de não aceite ou júnior

Diagnóstico:

A cor do perióstraco (concha exterior) apresenta bandas largas alternadamente acastanhadas e amarelas. A concha é sub-globosa, sinistral, fina, comparativamente grande, com espirais uniformemente curvadas, com um umbigo largo e uma grande abertura. Com opérculo acastanhado, oval, córneo e disco flexível. Concha lisa, sem carina, mais alta do que larga, curvada à volta do umbigo e ao longo da sua periferia. O espiráculo tem um ápice rombo e é moderadamente elevado. Estrias finas, paralelas às linhas de crescimento, formam a escultura da concha e são contínuas no interior do umbigo. O lábio externo da abertura é convexo, o lábio interno está firmemente ligado à columela e a forma da abertura é quase circular.

e curvado à volta do umbigo e ao longo da sua periferia.

Observações:

De acordo com Ibrahim *et al.* (1999), os caracóis mais jovens têm um aumento mais rápido na contagem de verticilos (de 3-4) do que os caracóis mais velhos.

Habitat e distribuição:

Tal como indicado por Ibrahim *et al.* (1999), *L. varicus* é encontrada no habitat lótico do rio, mas firmemente agarrada às rochas. Esta espécie é distribuída nas águas do Nilo no Alto Egito. Fora do Egito, no Gana, Gâmbia, Senegal, Mali, Costa do Marfim, Alto Volta e Níger (Brown, 1994).

Este estudo apresenta apenas um indivíduo recolhido na estação de El-Qanatir Al-Khayriyyah, utilizando o amostrador de draga.

Ordem: Littorinimorpha

Família: Bithyniidae

Género: *Gabbiella* Mandahl-Barth, 1968

Gabbiella Senaariensis (Küster, 1852)

16-*Gabbiella Senaariensis* (Küster, 1852) (Fig. 29)

Fig. 29. *Gabbiella Senaariensis* (Küster, 1852)

Nomes sinónimos:

Paludina senaariensis Küster, 1852,
Bithynia goryi Bourguignat, 1856,
Bithynia senaariensis, Martens, 1865,
Bythynia (gabbia) sennaarica Pallary, 1909,
Bithynia tihoi Germain, 1912.

Diagnóstico:

A concha é transparente com um aspeto brilhante. Concha dextral, cónica, sem ápice pontiagudo, de aspeto fino, com umbigo fechado e columela sólida. Normalmente, a sua abertura é obviamente mais curta do que a espira. Suturas moderadamente profundas separam as espirais convexas da concha. O último verticilo é grande e globoso. Abertura de forma oval, com lábio interno claramente saliente em relação ao verticilo do corpo e um lábio externo ligeiramente convexo. Opérculo fino e ovalado, disco córneo amarelado, com a parte espiralada ocupando 1/3 ou menos do diâmetro. O núcleo encontra-se mais próximo do lado columelar.

Observações:

Em Fayoum, Gardner (1932) registou uma espécie ovada acuminada com cinco verticilos convexos regularmente estriados, a que chamou *Bithynia connollyi*, que continua a ter uma posição taxonómica incerta. Como indicado por Van Damme (1988), esta espécie pode representar uma forma diferente da *Gabbiella senaariensis*. *Bithynia goryi* Bourguignat, *Bithynia tilhoi* Germain e *Bithynia numanni* Martens são três outras formas que foram registadas na zona de Fayoum por Gardner (1932). Mandhal-Barth (1988) considerou *Bithynia tilhoi* Germain como uma espécie separada com base no exame de espécimes de Kiba, Besun (Van Damme, 1988).

Habitat e distribuição:

Ibrahim *et al.* (1999) indicaram a tendência desta espécie para viver em águas lóticas, e associada a algumas plantas aquáticas *como Ceratophyllum demersum* em areia fina ou argila.

No Egito, a espécie atual distribui-se em todas as zonas do rio Nilo, incluindo o lago Nasser, a corrente principal e os dois afluentes Rosetta e Damietta (Ibrahim *et al.*, 1999). Fora do Egito, distribui-se em grandes rios e lagos da África tropical, e suas extensões (Dejoux *et al.*, 1971; Brown, 2005).

Este estudo apresenta registos em várias estações (Esna, Naga Hammadi, Asyut e El-Qanatir Al-Khayriyyah), com abundância máxima na estação de El-Qanatir Al-Khayriyyah, que se caracteriza por substratos moles enriquecidos com matéria orgânica.

Ordem: Caenogastropoda

Família: Thiaridae

Género: *Melanoides* Olivier, 1804

Melanoides tuberculata (O. F. Müller, 1774)

17-*Melanoides tuberculata* (O. F. Müller, 1774) (Fig. 30)

Nomes sinónimos:

Sinónimos de não aceite ou júnior

Diagnóstico:

A cor da concha varia de amarelada com escultura castanha a acastanhada ou acinzentada. Concha dextral alongada, com espira longa, mais comprida do que a abertura, e com ápice saliente. Caracol com umbigo fechado, com material espesso e uma columela forte. As filas espirais na maioria dos caracóis têm manchas acastanhadas alongadas de diferentes tamanhos. A escultura da concha inclui cristas e nervuras em espiral, bem como linhas transversais finas de crescimento. Abertura de forma oval, mais larga em baixo do que em cima. Lábio externo curvado, enquanto o lábio interno é bem aplicado à columela. O disco do opérculo é oval, córneo, fino, flexível e acastanhado, sendo o lado esquerdo (lado columelar) mais largo do que o direito. O núcleo do opérculo está posicionado mais próximo do lado columelar, e as linhas de crescimento estendem-se para fora deste núcleo excêntrico num padrão sinuoso.

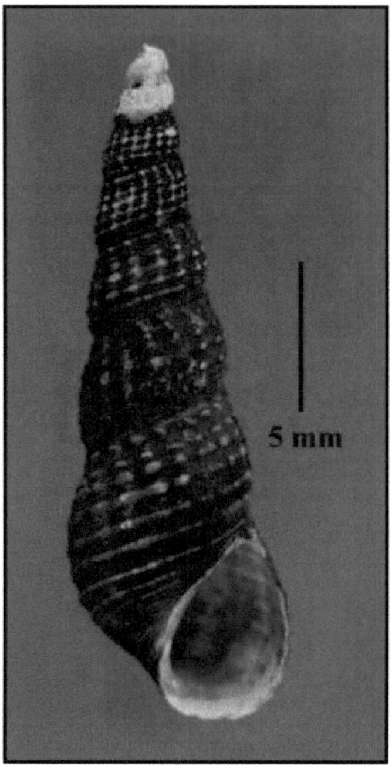

Fig. 30. *Melanoides tuberculata* (O. F. Müller, 1774)

Observações:

Ibrahim *et al.* (1999) relataram que várias espécies de cercárias vivem no interior deste caracol, que actua como hospedeiro intermediário de *Lecithodendrium pyramidum* (a sua fase adulta vive em morcegos). Este caracol é predado por peixes demersais.

Habitat e distribuição:

M. tuberculate ocorre em habitats lênticos com alguma tolerância a valores de salinidade mais elevados. Algumas plantas aquáticas, tais como *Meriophyllum spicatum, Ceratophyllum demersum, Potamogeton crispus, Potamogeton pectinatus* e *Eichornia crassipes*, estão muito associadas a este caracol (Ibrahim *et al.*, 1999).

Esta espécie está distribuída em todas as áreas do rio Nilo egípcio, incluindo o Alto e o Baixo Egito. Fora do Egito, está bem distribuída em muitas zonas do mundo, como a África Oriental e Oriental, a região mediterrânica, o Sul da Ásia, a Austrália, o Sudeste dos Estados Unidos e Cuba (Ibrahim *et al.*, 1999).

Este estudo revelou a presença de *M. tuberculata* em todas as estações, exceto em Al-Minya e Beni Suef, com a maior abundância observada na estação de El-Qanatir Al-Khayriyyah. Este resultado realça a distribuição relativamente alargada de *M. tuberculata* no rio Nilo egípcio.

Família: Paludomidae

Género: *Cleopatra* Troschel, 1857

Cleópatra bulimoides (Olivier, 1804)

18-*Cleópatra bulimoides* (Olivier, 1804) (Fig. 31)

Fig. 31. *Cleópatra bulimoides* (Olivier, 1804)

Nomes sinónimos:

Cyclostoma bulimoides Olivier, 1804,
Paludina bulimoides Chenu, 1839,
Cleopatra bulimoides Jickeli, 1874,
Cleopatra pirothi Jickeli, 1881
Cleópatra emini Smith, 1888,
Vivipara (*Cleopatra*) *bulimoides* Longstaff, 1914,
Cleopatra bulimoides var. *richardi* Germain, 1916

Diagnóstico:

A cor da concha varia de castanho-claro a castanho-escuro ou castanho-claro, com duas bandas escuras a adornar cada verticilo. A concha é moderadamente dextral, dura, espessa e lisa, com verticilos igualmente curvos. É de forma cónica a globosa, com um ápice mais ou menos agudo. O umbigo é apertado e a columela é vazia. A escultura da concha é formada por linhas finas transversais paralelas. A abertura é de forma ovoide, constituindo cerca de 2/5 do comprimento total da concha. O lábio externo parece convexo e o lábio interno está firmemente ligado à columela. O opérculo tem um pequeno núcleo sinuoso e as linhas de crescimento estão dispostas de forma concêntrica. O opérculo é córneo, concêntrico, fino, flexível e acastanhado, com um disco oval. O núcleo está posicionado mais próximo do lado esquerdo ou columelar.

Observações:

C. bulimoides actua como hospedeiro intermediário de alguns trematódeos, como *Gastrodiscus aegypticus*, *Prohemistomum vivax* e outros. Além disso, é predado por peixes demersais (Ibrahim *et al.*, 1999).

Habitat e distribuição:

O habitat desta espécie inclui massas de água lênticas e lóticas do rio Nilo egípcio, especialmente no Alto Nilo. Encontra-se com os bivalves *Caelatura* e *Etheria*, e encontra-se geralmente em habitats arenosos e/ou rochosos. Alguns caracóis, como *Bellamya, Theodocsus, Bulinus* e *Lanistes*, são normalmente encontrados com *C. bulimoides* no Baixo Egito. Além disso, muitas plantas aquáticas como *Ceratophyllum demersum, Myriophyllum spicatum, Potamgeton crispus, Potamogeton pectinatus* e *Eicohhornia crassipes* coexistem com ele (Ibrahim *et al.*, 1999).

No Egito, esta espécie está distribuída em todas as zonas do rio Nilo, incluindo o lago Nasser, a corrente principal e os dois afluentes Rosetta e Damietta (Ibrahim *et al.*, 1999). Fora do Egito, distribui-se no Sudão, Quénia, Etiópia, Somália, Chade, Senegal e Gâmbia (Van Damme, 1988; Ibrahim *et al.*, 1999; Brown, 2005).

Este estudo revelou a presença de *C. bulimoides* em todas as estações, exceto em Sohag, Al-Minya e Beni Suef, com a maior abundância observada na estação de El-Qanatir Al-Khayriyyah, que é caracterizada por substratos moles enriquecidos com matéria orgânica.

Subclasse: Heterobranchia

Família: Valvatidae

Género: *Valvata* O. F. Müller, 1773

Valvata nilotica Jickeli, 1874

19- *Valvata nilotica* Jickeli, 1874 (Fig. 32)

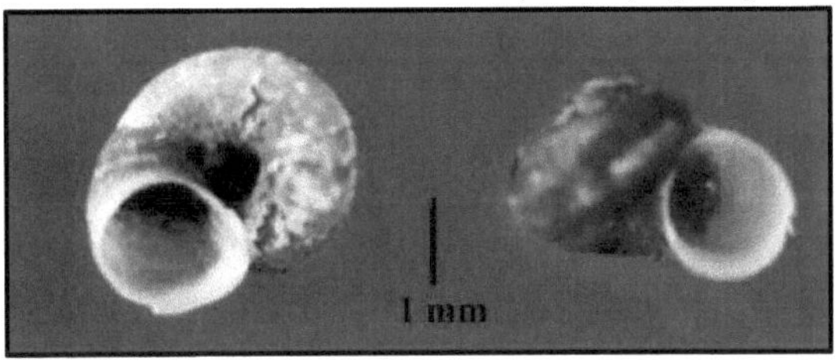

Fig. 32. *Valvata nilotica* Jickeli, 1874

Nomes sinónimos:

Valvata (Cincinna) innesi Pallary, 1902,
Valvata (Cincinna) nilotica Pallary, 1909

Diagnóstico:

Cor da concha variável (cremosa a amarelada). Caracol dextral pequeno, com o pico obtuso e rombo e o espiráculo baixo. Concha fina e globosa, com espirais descendentes de expansão rápida e um umbigo excecionalmente largo. Superfície lisa e brilhante, com escultura de finas linhas de crescimento. Os verticilos são ombreados ou com um ângulo lateral que se estende ao longo dos primeiros verticilos e se torna menos distinto e circunscrito no verticilo do corpo. Existem 4/3 verticilos, isolados por suturas profundas. O opérculo é um disco flexível, fino, arredondado e córneo, de cor amarelada, e a abertura é tipicamente circular.

Observações:

Tal como indicado por Van Damme (1988), *a V. nilotica* é semelhante à *V. sauleyi* do Sudoeste Asiático. Mas a primeira está atualmente restrita ao N. E. África.

Habitat e distribuição:

A Valvata nilotica encontra-se em cursos de água lênticos caracterizados por uma vegetação aquática abundante. Está normalmente associada a *Potamogeton tricoides* e *Najas minor* em charcos do Baixo Egito (Ibrahim *et al.*, 1999). Distribui-se tanto no Alto como no Baixo Nilo, incluindo os principais canais do Baixo Nilo (Ibrahim *et al.*, 1999). Fora do Egito, encontra-se nas terras altas da Etiópia (Brown, 2005).

Este estudo apresenta registos apenas nas estações de Naga Hammadi, Sohag, Helwan e El-Qanatir Al-Khayriyyah, com uma abundância notável nesta última estação. A estação de El-Qanatir Al-Khayriyyah é caracterizada por substratos moles enriquecidos com matéria orgânica.

Família: Planorbidae
Subfamília: Planorbinae
Género: *Biomphalaria* Preston, 1910

Biomphalaria alexandrina (Ehrenberg, 1831)

20-*Biomphalaria alexandrina* (Ehrenberg, 1831) (Fig. 33)

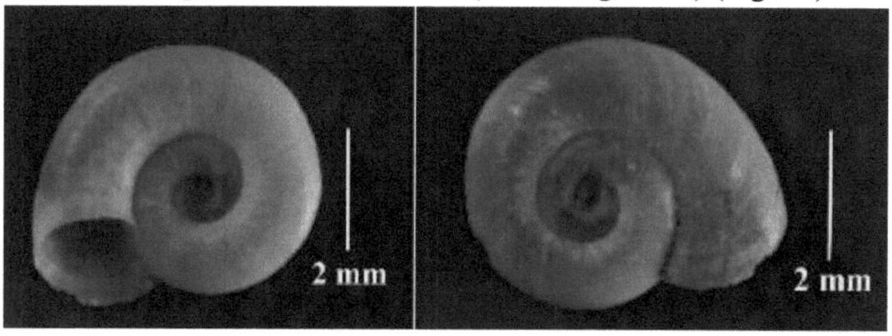

Fig. 33. *Biomphalaria alexandrina* (Ehrenberg, 1831)

Nomes sinónimos:

Planorbis alexandrines Ehrenberg, 1831,
Segmentina (*Planorbula*) *alexandrina* Ehrenberg, 1874,
Planoribs (*Menetus*) *alexandrina* Ehrenerg, 1909,
Planorbula alexandrina Pilsbry e Beqaert, 1927,

Diagnóstico:

Cor da concha variável (brilhante nos jovens até amarelada ou acastanhada nos adultos). A concha é pseudo-dextral, fina a bastante espessa, mas por vezes frágil. Os verticilos enrolados em espiral formam o contorno discoidal da concha, a medida destes verticilos aumenta progressivamente de diâmetro para o exterior, compreendendo cerca de cinco verticilos arredondados em ambos os lados. O mesmo comprimento e paralelismo das superfícies superior e inferior da concha são visíveis na perspetiva lateral. No lado esquerdo, a concha é umbilicada, mas apresenta um espiráculo mais deprimido com uma sutura profunda no lado direito. Linhas de crescimento regulares ligeiramente curvas formam a escultura da concha. A abertura suboval é obviamente mais larga do que alta, que se encontra na linha do verticilo ou se projecta ligeiramente para além dela. O lábio interno está firmemente ligado à columela. Além disso, com um umbigo largo e aberto, o aumento do número de verticilos é mais lento nos caracóis mais velhos do que nos mais jovens.

Observações:

No Egito, este caracol actua como hospedeiro intermediário do *Schistosoma mansoni*. Publicações antigas referiam que esta espécie estava restrita ao Norte de África (Delta do Nilo egípcio), mas a sua ocorrência a grande distância a montante, tal como no lago Nasser em Aswan e Abu Simbel (Sattman & Kinzelbach, 1988; Vrijenhoek & Graven, 1992), indica a sua distribuição invasora mais vasta.
Cercárias do trematódeo *Echinostoma revolutum*, e metacercárias de *Echinostoma revolutum* e *Echinoparyphium recurvatum* podem ser encontradas no interior deste caracol (Ryšavý *et al*., 1974).

Habitat e distribuição:

Encontram-se geralmente em águas lênticas ou estagnadas, límpidas ou lamacentas. Alguns caracóis como *Physa, Lymnaea, Cleopatra* e *Bulinus* são co-fundadores de *B. alexandrina*. Para além disso, muitas plantas aquáticas como *Ceratophyllum demersum, Echhornia crasssipes, Potamogeton pectinatus, Potamogeton crispus* e *Paspalam distichum* estão associadas a esta espécie (Ibrahim *et al*., 1999).

No Egito, *Biomphalaria alexandrina* distribui-se em todas as zonas do rio Nilo, incluindo o lago Nasser, a corrente principal e os dois afluentes Rosetta e Damietta (Ibrahim *et al.*, 1999). A localidade-tipo desta espécie é o Delta do Nilo, entre Alexandria e Rosetta (Brown, 2005). Fora do Egito, no Sudão, entre Khartoum e Kosti (DBL, 1973). Encontra-se também numa parte restrita da costa líbia em Taourga (nascentes, riachos e margens lamacentas de pântanos). No entanto, os valores relativamente elevados de salinidade podem causar a morte deste caracol (Brown, 2005).

Neste estudo, *B. alexandrina* foi registada em apenas duas estações, Naga Hammadi e El-Qanatir Al-Khayriyyah, com uma maior abundância observada na primeira estação. A estação de Naga Hammadi é caracterizada por sedimentos arenosos lodosos, misturados com detritos vegetais.

Género: *Planorbella* Haldeman, 1843

Planorbella duryi (Wetherby, 1879)

21-*Planorbella duryi* (Wetherby, 1879) (Fig. 34)

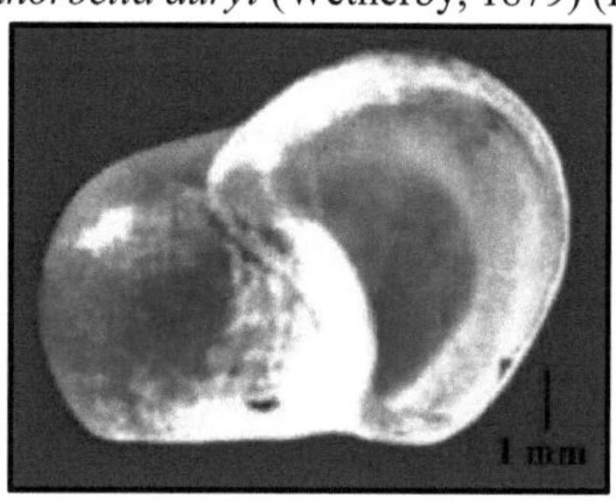

Fig. 34. *Planorbella duryi* (Wetherby, 1879)

Nomes sinónimos:

Planorbis duryi Say, 1816

Seminolina duryi Wetherby, 1879.

Diagnóstico:

Cor da concha variável, desde o amarelo brilhante, nos exemplares jovens, até ao verde acastanhado ou acastanhado nos adultos. A concha pseudo-dextral tem um espiráculo mais ou menos plano, pouco profundo e deprimido, com um umbigo profundo e largo no lado esquerdo que se assemelha a um pires. Existem entre 4 e 5 verticilos. Na face superior, os verticilos são substancialmente convexos, mas na face inferior apresentam um ângulo percetível próximo da sutura. Os verticilos são enrolados em espiral e aumentam rapidamente de tamanho à medida que se aproximam da abertura. O último verticilo, que constitui a maior parte da concha, é frequentemente subangular e ligeiramente mais alto do que os outros verticilos.

A escultura da concha é formada por linhas de crescimento ligeiramente curvas e regulares. No lado esquerdo da concha, e não no direito, as suturas estão profundamente impressas. A abertura sub-oval tem um lábio exterior fino e agudo e é ligeiramente mais alta do que larga. Visto de lado, este lábio exterior é um pouco anguloso do lado esquerdo e amplamente arredondado do lado direito.

Observações: Como referido por Ibrahim *et al.* (1999); esta espécie actua como potencial agente de controlo biológico dos caracóis *Biomphalaria* e *Bulinus*, que intervêm no biociclo de parasitas causadores de doenças humanas.

Habitat e distribuição:

Esta espécie é encontrada em habitats estagnados ou lênticos, em grande associação com plantas aquáticas. No Egito, foi registada em algumas províncias do Delta (El-Qalyobyia, El- Minoufyia, El-Gharbyia e Damietta), bem como na província de Gizé. Foi também registada no lago Nasser. Fora do Egito, distribui-se na Arábia Saudita, no Quénia, na América do Norte e noutras localidades de África (Ibrahim *et al.*, 1999), tendo-se espalhado pela Europa e pelos países do Sudeste Asiático (Alexandrowicz, 2003; Seddon, 2011; Johnson *et al.*, 2015).

Este estudo registou apenas dois indivíduos, com um indivíduo encontrado em cada uma das estações de Naga Hammadi e El-Qanatir Al-Khayriyyah. Como já foi referido, ambas as estações representam um habitat de barragem, e as amostras foram recolhidas a montante

Família: Planorbidae

Subfamília: Ancylinae

Género: *Pettancylus* Iredale, 1943

Pettancylus clessinianus (Jickeli, 1882)

22-*Pettancylus clessinianus* (Jickeli, 1882) (Fig. 35)

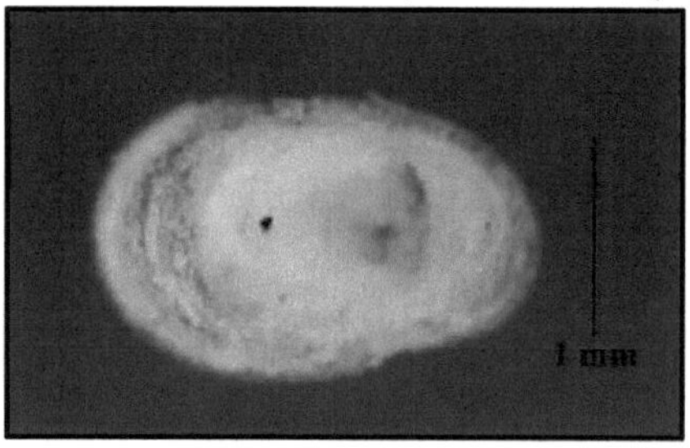

Fig. 35. *Pettancylus clessinianus* (Jickeli, 1882)

Nomes sinónimos:

Sinónimos de não aceite ou júnior

Diagnóstico:

A cor da concha é castanha muito clara. Concha pequena, elíptica e alongada, com o limite anterior ligeiramente mais rombo do que o posterior, entretanto, a extremidade anterior é mais larga do que a posterior. O ápice está situado perto do bordo posterior e um pouco à direita da linha média. A concha é bem convexa, desde a parte anterior até ao ápice. De um modo geral, a concha é relativamente alta e ligeiramente comprimida bilateralmente. Esta compressão pode ser tão pronunciada nas variantes extremas.

Observações:

De um modo geral, esta espécie é semelhante à *Ferrissia isseli,* exceto pelo facto de ser mais alongada e de forma muito mais baixa, com os lados direitos e mais larga à frente do que atrás.

Habitat e distribuição:

Encontrada apenas perto das regiões costeiras dos canais, em associação inteligível com a vegetação (Ibrahim *et al.*, 1999). Presa às folhas de papiro, distribui-se no Egito em Alexandria, Ismailia e Suez (Ibrahim *et al.*, 1999), sem registos de outros países para além do Egito (Brown, 2005).

O presente estudo apresenta registos apenas nas estações de Esna, Naga Hammadi, Helwan e El-Qanatir Al-Khayriyyah; com uma abundância obviamente mais elevada na última estação, que se caracteriza por substratos moles enriquecidos com matéria orgânica.

Família: Bulinidae
Subfamília: Bulininae
Género: *Bulinus* O. F. Müller, 1781

Bulinus truncatus (Audouin, 1827)

23-*Bulinus truncatus* (Audouin, 1827) (Fig. 36)

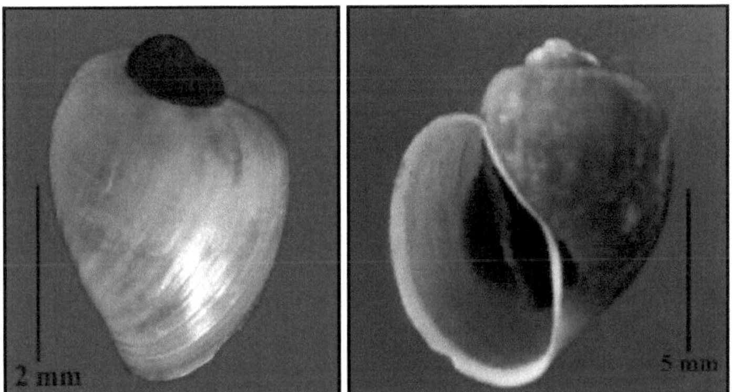

Fig. 36. *Bulinus truncatus* (Audouin, 1827)

Nomes sinónimos:

Physa truncate Audouin, 1827,
Isidora contorta Jickeli, 1874,
Physa rohlfsi Clessin, 1886,
Bulinus (*Isidora*) *contortus* Pallary, 1909,
Isidora dybowskii Logstaff, 1914,
Bulinus contortus Leiper, 1916.

Diagnóstico:

Cor variável da concha (clara, brilhante, amarelada a acastanhada escura). Espessura variável da concha (delicada, fina a bastante espessa). A forma da concha é variável, variando de ovada alongada a globosa, cónica ou subcónica. As espirais são enroladas em espiral e um pouco achatadas, com suturas profundas a separá-las. Os verticilos são geralmente convexos e arredondados na periferia. O verticilo do corpo caracteriza-se por um ombro bem desenvolvido, com um bordo horizontal ou ligeiramente côncavo. A abertura é bastante mais comprida do que a espira e o ápice varia de obtuso a bastante elevado. A escultura da concha é formada por nervuras transversais grossas e irregulares, sulcos e linhas de crescimento bastante grosseiras, que são mais evidentes no verticilo do corpo do que nos verticilos anteriores. Umbigo visível variável, desde pequeno a bastante grande. Abertura de forma variável, de ovada a ovoide e quase redonda, limitada por um bordo columelar interno aguçado, que deixa um pequeno umbigo entre ele e a superfície da concha, e por um lábio externo convexo.

Observações:

A localidade tipo de *B. truncatus* encontra-se no Egito (Brown, 2005). A concha assemelha-se a *Amerianna carinata* (H. Adams, 1861), (Localidade tipo: Austrália, Queensland, Rio Boyne), mas esta última difere por ter um ombro carenado, um protoconco não pontuado e numerosas cristas espirais.

De acordo com Brown (2005), *B. truncatus* é o único hospedeiro intermediário de *Shistosoma haematobium* no Norte de África e no Próximo Oriente. Além disso, tem um impacto significativo na propagação de parasitas que afectam o gado, como *Paramphistomum microbothrium* e *Schistosoma bovis*. No entanto, nemátodos da família Enoplidae, e metacercárias do trematódeo *Echinoparyphium recuratum* podem infetar este caracol (Ryšavý *et al.*, 1974).

Habitat e distribuição:

Esta espécie encontra-se em diferentes massas de água doce, quer lóticas quer lênticas (Brown, 2005). Contudo, as barragens representam um habitat chave que é ocupado por este caracol no sudoeste da Nigéria (Ndifon & Ukoli, 1989). Algumas espécies de caracóis dos géneros

Lymnaea, Physa, Biomphalaria, bem como raízes profundamente flutuantes de *Eichhornia crassipejas, Najas marina* subsp. *armata, N. minor* e *Persicaria salicifolia* (=Polygonum *salicifolium*) estão normalmente associadas a este caracol (Ibrahim *et al.*, 1999).

No Egito, *Bulinus truncatus* distribui-se em todas as zonas do rio Nilo, incluindo o lago Nasser, a corrente principal e os dois afluentes Rosetta e Damietta (Ibrahim *et al.*, 1999). Esta espécie encontra-se no Próximo Oriente (Arábia, Jordânia, Palestina, Irão), no Baixo Zaire, na Tanzânia, na Península Ibérica, na Sardenha, na Sicília e no Sudoeste da Arábia (Brown, 2005). Além disso, foi registada a sua ocorrência em África: Marrocos, Argélia, Tunísia (Chevallier, 1969), Líbia (Itagaki & Yasuraoka, 1975), Níger (Fischer-Piette, 1949), Sudão, Chade (Malek, 1958), Gana, Níger (Fischer-Piette, 1949) e África Oriental (Etiópia) (Ibrahim *et al.*, 1999).

Este estudo apresenta registos em várias estações (Esna, Naga Hammadi, Asyut, Beni Suef e El-Qanatir Al-Khayriyyah), com abundâncias máximas nas estações de Naga Hammadi e El-Qanatir Al-Khayriyyah. Ambas as estações representam um ambiente de barragem, que é um habitat crítico para esta espécie de caracol, e as amostras foram recolhidas a montante.

Família: Physidae
Subfamília: Physinae
Género: *Physella* Haldeman, 1842

Physella acuta (Draparnaud, 1805)

24-*Physella acuta* (Draparnaud, 1805) (Fig. 37)

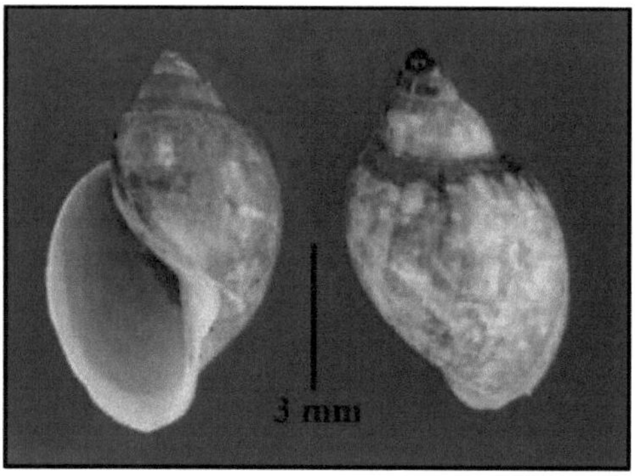

Fig. 37. *Physella acuta* (Draparnaud, 1805)

Nomes sinónimos:
Sinónimos de não aceite ou júnior

Diagnóstico:

Cor da concha variável (iridescência branca, âmbar amarelado a acastanhado). Concha sinistral não umbilicada, de contorno globoso, ovoide a alongado, fina a bastante espessa, com um ápice fortemente pontiagudo. Espirais enroladas em espiral, com ligeiro aumento de altura para o exterior. As suturas profundas separam os cinco verticilos, que são mais arredondados nos bordos e tipicamente convexos. A escultura da concha é formada por estrias microscópicas. A abertura é de forma ovoide, limitada por um lábio exterior convexo e um lábio interior incompleto, cuja parte inferior está ligada à columela.

Observações:

Physella distingue-se facilmente de *Bulinus* pela sua superfície mais lisa, sem costelas e com um ápice mais pontiagudo. Kraus *et al.* (2014) relataram uma descoberta interessante no Médio Rio Grande, no Novo México, em agosto de 2007. Eles descobriram dois tipos distintos de cercárias digenéticas em dois indivíduos de caramujos *Physella acuta* (Draparnaud, 1805). Os dados apresentados no seu estudo podem ser valiosos para compreender os ciclos de vida destes parasitas e avaliar o seu impacto ecológico na região única do Bosque do Rio Grande, no Novo México.

Habitat e distribuição:

Encontrado em habitats de água lótica e lêntica, isto é, riachos e lagoas. A maioria dos caracóis de água doce e plantas aquáticas, tais como *Ceratophyllum demersum, Potamogeton crispus* e *Phragmites australis*, estão associados a este caracol (Ibrahim *et al.*, 1999). No Egito, *P. acuta* está distribuído em todas as zonas do rio Nilo, incluindo o lago Nasser, a corrente principal e os dois afluentes Rosetta e Damietta (Ibrahim *et al.*, 1999). Fora do Egito, a sua distribuição estende-se do Egito à África do Sul, Marrocos, Argélia e na região mediterrânica (Brown, 2005).

Neste estudo, *P. acuta* foi registada apenas em habitats de barragens, com uma maior abundância na estação de Naga Hammadi. Esta estação é caracterizada por sedimentos arenosos lodosos misturados com detritos vegetais

---

Classe: Bivalves
Encomendar: Venerida
Família: Cyrenidae
Género: *Corbicula* Megerle von Mühlfeld, 1811
Corbicula consobrina (Cailliaud, 1827)
25. *Corbicula consobrina* (Cailliaud, 1827) (Fig. 38)

Fig. 38. *Corbicula consobrina* (Cailliaud, 1827)

Diagnóstico:

A concha de *Corbicula consobrina* varia em espessura, desde delicada em exemplares jovens até semi-forte e forte em exemplares adultos. Perióstraco variável com uma forte escultura concêntrica que varia em cor desde o verde azeitona e acastanhado escuro nos exemplares grandes até ao amarelo esverdeado nos exemplares pequenos.

Apresenta duas regiões globosas dorsolaterais que se endireitam em direção ao bordo ventral. O umbo é notável e um pouco saliente em relação ao comprimento dos bordos dorsais da concha. As suas duas valvas encontram-se quase no centro da estrutura cónica. O ligamento, bastante pequeno e de cor amarelada ou acastanhada clara, liga as duas valvas. Por se encontrar atrás dos dentes cardinais, é do tipo opitodeu. O seu comprimento é praticamente inferior a 6 mm.

No interior, todas as valvas têm um interior liso que varia de cor entre o púrpura e o pálido e, nalgumas conchas, chega mesmo a tornar-se azul-escuro entre o bordo basal e a linha palial. Na superfície interna lisa, as inserções musculares aparecem como áreas rugosas. Juntamente com os retractores anterior e posterior, incluem também os adutores anterior e posterior.

A linha palial é coerente, particular, rotunda, estendendo-se entre as extremidades ventrais dos adutores e retractores, anterior e posterior. Corre em correspondência com a margem ventral.

Três dentes cardinais elevados e dois dentes laterais em cada valva constituem a placa de articulação denticulada (do tipo heterodonte). Os dentes laterais da valva direita são constituídos por dois dentes laterais anteriores e posteriores, enquanto os dentes cardinais da valva esquerda correspondem ao segundo, terceiro e quarto dentes cardinais da valva direita.

A borda dorsal da porção anterior da valva da concha é onde se localizam os dois dentes antero-laterais, um acima do outro. Estes dentes estendem-se na direção do limite antero-dorsal da inserção do músculo adutor anterior, perto do dente cardinal principal, e têm um entalhe alongado e apertado no centro.

Os dois dentes póstero-laterais alongam-se em sentido inverso até ficarem virados unicamente para a direção da inserção do músculo adutor. Quando unidos anteriormente, formam uma única saliência curta e lisa de aperto. Dentes transicionalmente serrilhados são encontrados nos dentes inferiores anteriores e póstero-laterais da válvula direita, bem como nos dentes laterais da válvula esquerda. Consequentemente, as projecções interdentais de cada válvula articulam-se com as suas próprias dores interdentais.

Observações:

Van Damme (1988) indicou que esta espécie é muito semelhante à *C. fluminalis* Müller asiática e pode ser inseparável, após exame morfológico de algumas populações de *C. consobrina* do Baixo Nilo e do Lago Tana, da *C. fluminalis* asiática. No entanto, existem várias estirpes de populações de *C. consobrina* no Sudão que diferem de *C. fluminalis*. Esta constatação levou Van Damme (1988) a propor que *C. fluminalis* é uma superespécie e *C. consobrina* representa esta superespécie na bacia do rio Nilo (Ibrahim *et al.*, 1999).

Habitat e distribuição:

Esta espécie é encontrada em diferentes massas de água (i.e., habitats lóticos e lênticos do rio), e associada a vários tipos de sedimentos (depósitos arenosos, areno-lodosos e lodosos). Está sempre enterrado em sedimentos e nas margens. Distribui-se por todo o Egito, desde o Alto Egito até aos dois braços (Rosetta e Damietta) no Baixo Egito, através da corrente principal do Nilo e dos seus afluentes. Fora do Egito, no Senegal, na Argélia, no lago Tana e no Nilo Azul, perto de Cartum (Ibrahim *et al.*, 1999).

Neste estudo, esta espécie de bivalve comum foi registada em todas as estações estudadas, com as maiores abundâncias observadas em El-Qanatir Al-Khayriyyah, Naga Hammadi e Asyut, respetivamente. Esta descoberta realça a preferência deste bivalve por ambientes de barragem e a sua capacidade de prosperar nesses habitats.

Ordem: Sphaeriida
Família: Sphaeriidae
Género: *Sphaerium* Scopoli, 1777
Sphaerium (*Musculium*) *hartmanni* (Jickeli, 1874)

26-*Sphaerium* (*Musculium*) *hartmanni* (Jickeli, 1874) (Fig. 39)

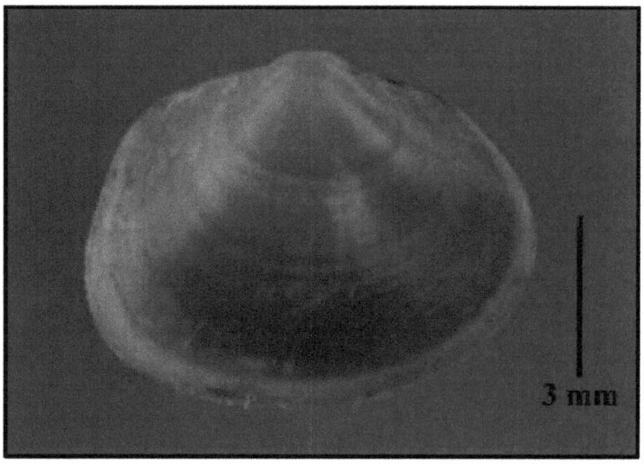

Fig. 39. *Sphaerium* (*Musculium*) *hartmanni* (Jickeli, 1874)

Diagnóstico:

Concha frágil, ligeiramente distendida e comprimida dorsoventralmente; com a margem anterior dorsal mais elevada do que a posterior. Ambas as margens são ligeiramente curvas, formando, respetivamente, um ângulo rombo anterior com o bordo anterior e um ângulo mais uniformemente arredondado com o bordo posterior. A escultura da concha é constituída por estrias muito finas e linhas radiais ténues, sendo o perióstraco de cor acinzentada ou amarelada clara.

Umbo sub-mediano pequeno e inchado, ligeiramente saliente em relação ao bordo dorsal, representando a porção mais antiga da concha a partir da qual se deu o crescimento das valvas. O ligamento de charneira (pequeno cordão delicado) que liga as duas valvas, que se situa na zona pós umbonal (um tipo opitodetico), e é também responsável pela suspensão das duas valvas.

Interiormente, cada válvula é dotada de adutores musculares anteriores e posteriores lisos, ligados por uma linha arredondada paralela ao bordo livre de cada válvula (linha palial), simples e delicada.

Placa de charneira denticulada (do tipo heterodonte), com pequenos dentes cardinais e laterais. Anterior e posteriormente ao umbo, encontram-se dentes laterais moderadamente longos na valva esquerda, e conjuntos duplos de dentes laterais na valva direita, com uma depressão entre eles. Em cada valva, entre os dentes laterais, encontram-se pequenos conjuntos cardinais, geralmente simples na valva direita e duplos desiguais na valva esquerda, com uma depressão entre eles. Estes conjuntos facilitam a articulação entre as duas valvas.

Observações:

Hornbach *et al.* (1980) utilizaram provas electroforéticas para examinar a validade do género *Musculium* na América do Norte. Os seus resultados apoiaram a separação de *Musculium* (atualmente considerado um subgénero) do género *Sphaerium*. Especificamente, verificaram que *Sphaerium occidentale* está mais estreitamente relacionado com outras espécies de *Sphaerium* do que com *Musculium*, potencialmente devido a diferenças nas caraterísticas do habitat

Habitat e distribuição:

Esta espécie é encontrada em diferentes massas de água (i.e., habitats lóticos e lênticos do rio), distribuída em vários tipos de sedimentos (depósitos arenosos, areno-lodosos e lodosos). É uma boa presa para muitos peixes. No Egito, distribui-se ao longo da corrente principal do Nilo e dos seus dois braços (Rosetta e Damietta). Fora do Egito, no Sul do Sudão e nas terras altas da Etiópia (Ibrahim *et al.*, 1999).

Neste estudo, *Sphaerium* (*M.*) *hartmanni* foi detectado em quatro estações: Esna, Naga Hammadi, Sohag e El-Qanatir Al-Khayriyyah. De notar que foi registado um número surpreendentemente elevado de indivíduos na estação de El-Qanatir Al-Khayriyyah, que representa um habitat de barragem. A dominância de *S.* (*M.*) *hartmanni* nesta estação sugere a sua adaptação bem sucedida às condições ambientais únicas associadas aos habitats de barragens.

Género: *Afropisidium* Kuiper, 1962
Afropisidium pirothi (Jickeli, 1881)

27. *Afropisidium pirothi* (Jickeli, 1881) (Fig. 40)

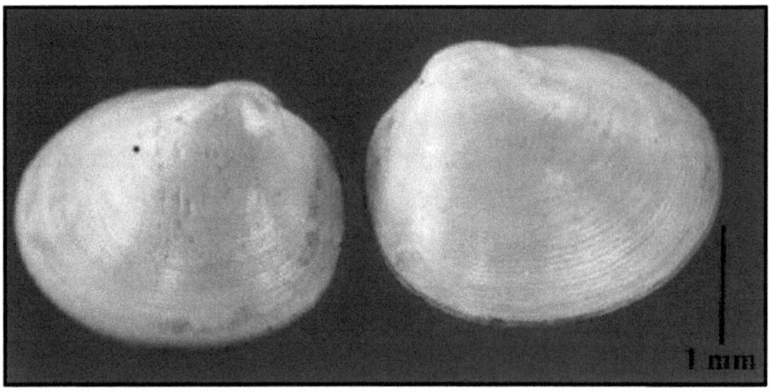

Fig. 40. *Afropisidium pirothi* (Jickeli, 1881)

Nomes sinónimos:

Sinónimos de não aceite

Diagnóstico:

Concha pequena e alongada, com bordo ventral distintamente curvo (semicircular) e bordo dorsal ligeiramente curvo. A escultura da concha é formada por estrias finas e regulares. Concha com bicos evidentes, mas a placa de articulação é longa e fortemente curvada posteriormente, estreitando-se abaixo dos umbones. Na valva esquerda, o dente cardinal anterior é geralmente reto, mas existe um dente posterior ligeiramente curvado e bastante longo, que é um pouco alargado posteriormente; além disso, o dente lateral posterior é menos desenvolvido do que o anterior. Na valva direita, os dentes laterais anteriores são bem desenvolvidos e arqueados, enquanto os laterais posteriores são pouco desenvolvidos.

Observações:

Moustafa & Hussien (2021) comunicaram recentemente um novo registo do bivalve de água doce *Pisidium amnicum* (Müller, 1774) da província de Qena, no Alto Egito.

Habitat e distribuição:

Afropisidium pirothi é uma espécie afrotropical, registada em águas lóticas, lênticas e lagos dos países africanos. No Egito, distribui-se no Delta do Nilo (Kuiper, 1964). Fora do Egito, está registada no Níger, Mali, Chade e África do Sul (Ibrahim *et al.*, 1999).

Este estudo registou as espécies em várias estações, incluindo Esna, Naga Hammadi, Asyut, Beni Suef e El-Qanatir Al-Khayriyyah, com a maior abundância nesta última estação. El-Qanatir Al-Khayriyyah é caracterizada por substratos moles enriquecidos com matéria orgânica.

Género: *Eupera* Bourguignat, 1854

Eupera ferruginea (Krauss, 1848)

28-*Eupera ferruginea* (Krauss, 1848) (Fig. 41)

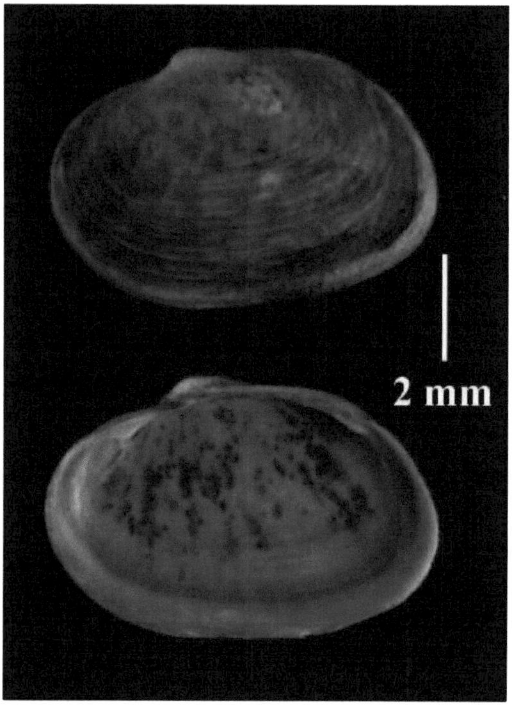

Fig. 41. *Eupera ferruginea* (Krauss, 1848)

Nomes sinónimos:
Sinónimos de não aceite

Diagnóstico:

Concha fina, pequena, de forma variável, de retangular a sub-oval, com bico situado quase medialmente. A margem dorsal é reta. Os dentes cardinais são reduzidos e aparecem como uma pequena proeminência, quando se encontram.

Observações:

O género *Eupera* pode ser distinguido dos géneros semelhantes (*Sphaerium* e *Pisidium*) da família Sphaeriidae, pela sua forma mais retangular, margem dorsal direita e, principalmente, pela redução dos dentes cardinais que só são visíveis, quando presentes, como uma pequena proeminência.

Habitat e distribuição:

Encontra-se sempre em águas lênticas. No Egito, distribui-se no Alto e no Baixo Nilo. Fora do Egito, é registada em muitos locais: Rio Níger-Senegal, Lago Chade, Lago Tana (Etiópia), Rodésia, África do Sul, Madagáscar e Maurícias (Ibrahim *et al.*, 1999).

Neste estudo, esta espécie foi registada apenas em habitats de barragens (estações de Naga Hammadi e El-Qanatir Al-Khayriyyah), com a maior densidade observada na última estação. A amostragem foi efectuada a montante de ambas as barragens em microhabitats caracterizados por cursos de água lênticos ou lóticos de movimento lento, sugerindo que esta espécie prefere ambientes aquáticos de movimento mais lento.

Encomendar: Unionida
Família: Unionidae
Subfamília: Parreysiinae
Género: *Coelatura* Conrad, 1853

Coelatura aegyptiaca (Cailliaud, 1823)

29-*Coelatura aegyptiaca* (Cailliaud, 1823) (Fig. 42)

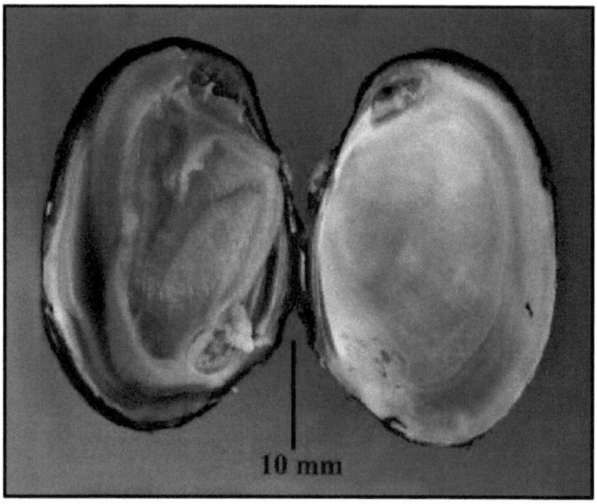

Fig. 42. *Coelatura aegyptiaca* (Cailliaud, 1823)

Nomes sinónimos:
Sinónimos de não aceite ou júnior

Diagnóstico:

Concha de forma extremamente variável; ovoide, mais fina, romboidal, subinflada, subinequilateral, mais larga posteriormente do que anteriormente e com a extremidade posterior ligeiramente curvada.

O botão inchado (i.e., umbo) encontra-se perto da extremidade anterior da concha, sobressaindo sobre a margem dorsal. Um ligamento menos elástico de cor acastanhada clara, localizado na margem dorsal posterior, liga as duas valvas. Linhas de crescimento regulares e raios verticais ténues desde o umbo até à margem da concha formam a escultura da concha , com uma escultura de bico duplo.

Superfície interna da concha com inserções musculares anteriores e posteriores. As inserções do adutor anterior são mais distintas e profundas do que as posteriores, com uma linha palial clara.

Placa de charneira denticulada (do tipo heterodonte), com dentes cardinais lamelados e dentes laterais. Dentes cardinais lamelares ligeiramente curvos, finos e bem desenvolvidos, um na valva direita e dois na valva esquerda. A valva esquerda possui dois dentes cardinais lamelares: um longo, elevado e ligeiramente serrilhado, e um segundo pequeno, elevado e de forma triangular. O primeiro está bem articulado com os dois dentes laminados paralelos da valva direita. Além disso, encontram-se dentes laterais ligeiramente curvos, finos e bem desenvolvidos, um na valva direita e dois na valva esquerda.

Observações:

Assal *et al.* (2014) exploraram o impacto potencial da poluição por metais pesados no rio Nilo, no Egito, sobre a variação genética e o risco de extinção das espécies de *Coelatura.* O seu estudo investigou se a contaminação por metais pesados poderia levar à perda de biodiversidade no ecossistema de água doce ao afetar estes organismos sensíveis.

Habitat e distribuição:

Esta espécie é muito comum em águas lentamente lóticas ou lênticas. Pode ser encontrada em ilhas lamacentas e charcos com fundos arenosos, bem como em ambas as margens do rio Nilo e nos seus canais principais. De acordo com Ibrahim *et al.* (1999), *a Coelatura aegyptiaca* encontra-se no Egito ao longo da corrente principal do Nilo e dos seus dois braços, Rosetta e Damietta. Pode ser encontrada em grandes rios e lagos em toda a África tropical. Nos lagos do Nilo em Tanganica (Leloup, 1951), no lago Albert e no lago Edward (Mandahl Barth, 1954; 1982). Em Soba, no Nilo Azul (Preston, 1914). Além disso, no rio Chari (Lévèque, 1967), no lago Chade, no lago Lirè, nos rios Níger e Senegal, a oeste (Hass, 1969).

Este estudo apresenta registos apenas em três estações: Esna, Naga Hammdi e El-Qanatir Al-Khayriyyah, com abundância máxima na última estação. Como já foi referido, a estação El-Qanatir Al-Khayriyyah é caracterizada por substratos moles enriquecidos com matéria orgânica.

30-*Caelatura* (*Caelatura*) *companyoi* (Cailliaud, 1827) (Fig. 43)

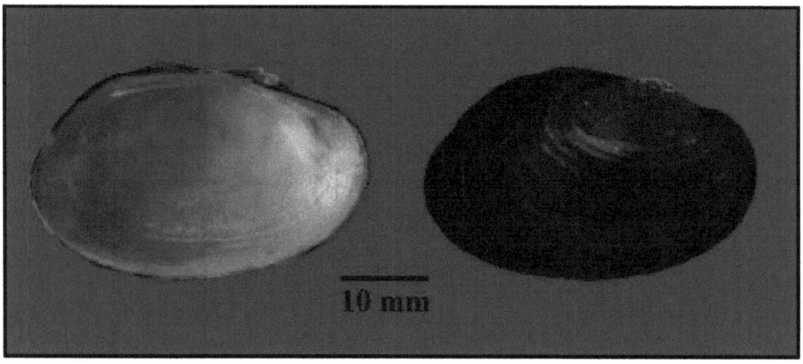

Fig. 43. *Caelatura* (*Caelatura*) *companyoi* (Cailliaud, 1827)

Diagnóstico:

Concha de forma ovoide, de espessura variável, desde fina nos exemplares pequenos até grossa nos grandes, subinflada, mais cheia atrás do meio, truncada posteriormente, com a parte anterior extremamente circular e o bordo ventral circular. É comprimido dorso-posteriormente. A altura é posicionada posteriormente, estreitada anteriormente e em forma de proa com uma inclinação posterior alada porque a concha é mais larga posteriormente.

A tonalidade da concha varia de esverdeada a acastanhada escura, com bandas esverdeadas e amareladas de formas diferentes presentes em espécimes juvenis, médios e velhos. Os exemplares velhos têm bandas pouco nítidas. Cada valva tem um interior liso que varia em cor, desde espécimes jovens com iridescência azul lustrosa até espécimes médios e velhos com iridescência branca lustrosa.

O umbo é um botão relativamente grande, insuflado, que se situa quase a meio da linha dorsal. Prolonga-se apenas um pouco para além da margem dorsal. Em espécimes jovens, o ligamento da dobradiça é menos elástico; mas nos mais velhos, é mais elástico. As conchas têm uma cor acastanhada. A escultura da concha é formada por linhas de crescimento concêntricas regulares, que são mais evidentes nos espécimes mais velhos, com estrias oblíquas óbvias na vertente posterior. Para além disso, nódulos duplos paralelos às linhas de crescimento constituem parte da escultura do bico.

Placa de charneira heterodonte com dentes cardinais e laterais denticulados. Os espécimes juvenis e médios têm um único dente cardinal lamelar elevado, enquanto a valva esquerda tem um dente irregular espesso que é separado em dois dentes. A vertente anterior dos dois dentes paralelos é lamelar ou espessa (em espécimes imaturos ou velhos). Estes dentes estão ligados frouxamente no lado posterior, criando uma impressão na cavidade umbonal atrás dos dentes cardinais direitos e uma depressão profunda entre eles. Os dois dentes laterais paralelos da valva esquerda têm uma depressão profunda entre eles e estão unidos anteriormente e inclinados posteriormente. A valva direita contém um dente longo que é curvado anteriormente e inclinado posteriormente. A largura deste dente é maior na parte posterior e menor na parte anterior.

Observações:

Os membros de *Caelatura* (*Caelatura*) *companyoi* são muito semelhantes a *Caelatura* (*Caelatura*) *canopicus*. No entanto, as inserções dos músculos adutores anteriores e a sua profundidade podem representar uma diferença entre as duas espécies, enquanto *Caelatura* (*Caelatura*) *companyoi* tem um local de inserção mais profundo do que *Caelatura* (*Caelatura*) *canopicus* (Ibrahim *et al*., 1999).

Habitat e distribuição:

Sempre predominante em águas lênticas ou lentamente lóticas, e em associação com *Caelatura* (*Caelatura*) *canopicus*. Encontra-se em fundos arenosos e charcos, em ambas as margens do rio Nilo. O bivalve *Caelatura* (*Caelatura*) *companyoi* distribui-se ao longo da corrente principal do Nilo no baixo Egito, e nos seus dois braços Rosetta & Damietta (Ibrahim *et al*., 1999).

O presente estudo apresenta registos apenas em três estações: Esna, Naga Hammdi e El-Qanatir Al-Khayriyyah, com abundância máxima nesta última estação.

31- *Caelatura* (*Caelatura*) *canopicus* (Cailliaud, 1827) (Fig. 44)

Fig. 44. *Caelatura* (*Caelatura*) *canopicus* (Cailliaud, 1827)

Diagnóstico:

Concha de forma romboidal, subinflada posteriormente, comprimida dorsoventralmente, subtruncada posteriormente com um bordo anterior circular, oval ventralmente e um pouco alada, e de espessura variável, desde fina nos exemplares juvenis até relativamente espessa nos grandes. As larguras anterior e posterior da concha são quase iguais, mantendo a altura do ponto médio-dorsal.

Perióstraco variável, com bandas alternadas verde-escuras e verde-claras, largas e finas, variando de esverdeado a acastanhado.

O grande botão inchado (i.e., umbo) encontra-se no ponto médio-dorsal, sobressaindo ligeiramente sobre a margem dorsal. Um ligamento de dobradiça menos elástico, de cor acastanhada clara nos exemplares jovens, e mais elástico nos exemplares velhos, liga as duas valvas. Linhas de crescimento regulares formam a escultura da concha, com esculturas em bico de duplo laço. As inserções dos adutores anteriores são ligeiramente mais profundas do que as posteriores.

Placa de charneira denticulada (do tipo heterodonte), com dentes cardinais e laterais. Na valva esquerda existem dois dentes cardinais elevados: o segundo dente posterior tem a forma de um triângulo e o primeiro dente anterior é bastante longo e serrilhado anteriormente. Na valva direita, há também dois dentes lamelares paralelos que se unem posteriormente; o dente superior é mais extenso anteriormente do que o inferior. Além disso, a valva esquerda possui dois dentes lamelares paralelos laterais que se unem anteriormente, um pouco curvos e com uma depressão profunda entre eles. Um dente lamelar curvo, mais largo posteriormente e mais estreito anteriormente, está presente na valva direita.

Observações:

Como mencionado anteriormente, os indivíduos de *Caelatura* (*Caelatura*) *canopicus* são muito semelhantes a *Caelatura* (*Caelatura*) *companyoi*. No entanto, as inserções dos músculos adutores anteriores e sua profundidade podem representar uma diferença entre as duas espécies, enquanto *Caelatura* (*Caelatura*) *canopicus* tem um local de inserção menos profundo do que *Caelatura* (*Caelatura*) *companyoi* (Ibrahim *et al.*, 1999).

Habitat e distribuição:

Sempre predominante em águas lênticas ou lentamente lóticas, e em associação com *Caelatura* (*Caelatura*) *companyoi*. Encontra-se em fundos arenosos e charcos, em ambas as margens do rio Nilo. Este bivalve distribui-se ao longo da corrente principal do Nilo no baixo Egito, e nos seus dois braços Rosetta & Damietta (Ibrahim *et al.*, 1999).

Este estudo apresenta registos apenas em quatro estações: Esna, Naga Hammdi, Asyut e El-Qanatir Al-Khayriyyah, com abundância máxima na estação El-Qanatir Al-Khayriyyah.

Género: *Nitia* Pallary, 1924

Nitia teretiuscula (Philippi, 1847)

32-*Nitia teretiuscula* (Philippi, 1847) (Fig. 45)

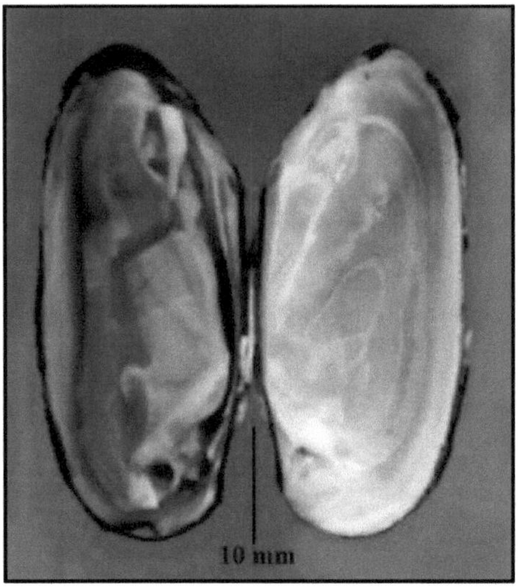

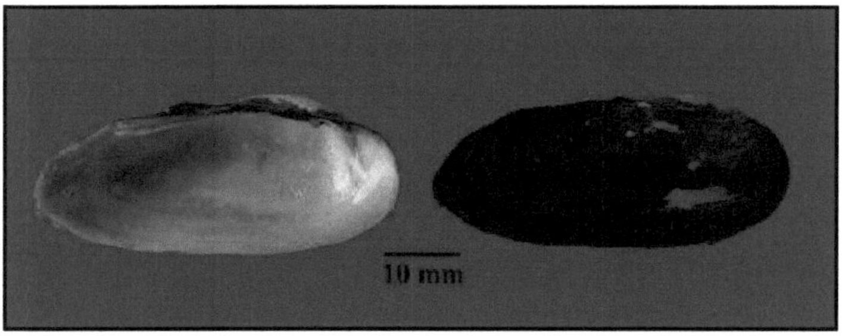

Fig. 45. *Nitia teretiuscula* (Philippi, 1847)

Diagnóstico:

Espécimes jovens com concha espessa, tornada extremamente espessa e dura nos velhos. A concha é reconhecida pelo paralelismo dos bordos dorsal e ventral, com maior comprimento que é o dobro da altura ou mais. É inchada dorsalmente e comprimida dorsoventralmente. O bordo dorsal posterior termina num ângulo agudo e a extremidade posterior é longa e pontiaguda, enquanto a anterior é regularmente arredondada e curta.

Com um umbo grande e inchado, ligeiramente eminente, situado anteriormente, que se projecta ligeiramente sobre ou com o bordo dorsal. Na área pós-umbonal, encontra-se um ligamento de dobradiça elástico, forte e resistente, de cor castanha escura.

A escultura da concha é formada por linhas de crescimento regulares e distintas, mas a escultura em forma de chevron está normalmente limitada aos bicos nos espécimes jovens. As inserções dos adutores posteriores são menos profundas e distintas do que as anteriores.

Placa de charneira denticulada (do tipo heterodonte), com dentes cardinais e laterais bem desenvolvidos. A valva esquerda apresenta dentes cardinais duplos, elevados, comprimidos, serrilhados e triangulares. O primeiro dente é ligeiramente mais elevado do que o segundo, que se inclina para baixo, criando uma depressão pronunciada entre eles. Inversamente, a valva direita apresenta um único dente, muito elevado e robusto, que também se inclina para baixo. Este dente é acompanhado por um dente adicional superior ou por uma pequena estrutura em forma de saliência, facilitando a articulação com a válvula esquerda. Os dentes laterais da válvula esquerda consistem em dentes duplos paralelos que são mais largos posteriormente e estreitos anteriormente. Em contraste, a válvula direita apresenta um único dente, ereto, alongado e quase reto, que se alarga posteriormente e se estreita anteriormente. Estas estruturas dentárias intrincadas desempenham um papel crucial na articulação e função da válvula.

Observações:

Mandahi-Barth (1982) indicou que a concha desta espécie pertence possivelmente a uma espécie sul-americana e foi acidentalmente misturada com o material africano. Fol (2018) realizou um estudo exaustivo sobre o mexilhão de água doce *Nitia teretiuscula* (Philippi, 1847), examinando o seu ciclo reprodutivo sazonal, a estrutura das gónadas, a gametogénese, o desenvolvimento larvar e a proporção entre os sexos. O estudo utilizou amostras recolhidas em quatro regiões distintas ao longo do rio Nilo, no Egito.

Habitat e distribuição:

A *Nitia tretiuscula* ocorre em diferentes tipos de massas de água (habitats lóticos e lênticos). Está associada a diferentes fundos (sedimentos arenosos, lodosos e arenosos-lodosos). No Egito, distribui-se ao longo dos principais canais do Nilo, no Alto Egito, e dos seus dois braços Rosetta e Damietta, no Baixo Egito (Ibrahim *et al.*, 1999). Fora do Egito, foi registada no Nilo Branco e no Lago Albert. Também no lago Chade e no rio Chari (Lévèque, 1967).

O presente estudo apresenta registos nas estações de Esna, Naga Hammdi, Asyut, Al-Minya e El-Qanatir Al-Khayriyyah, com abundância máxima nesta última estação.

Filo: Arthropoda
Subfilo: Crustacea
Classe: Malacostraca
Ordem: Isopoda
Subordem: Oniscidea
Família: Porcellionidae
Género: *Agabiformius* Verhoeff, 1908

33. *Agabiformius lentus* (Budde-Lund, 1885) (Fig. 46)

Fig. 46. *Agabiformius lentus* (Budde-Lund, 1885)

Nomes sinónimos:

Agabiformius corcyraeus (Verhoeff, 1908)

Agabiformius hirtus (Aubert & Dollfus, 1890)
Agabiformius pseudopullus (Verhoeff, 1901)
Agabiformius pulchellus (Dollfus, 1892)
Leptotrichus chobihige Nunomura, 1992
Leptotrichus corcyraeus Verhoeff, 1908 (basiónimo)
Leptotrichus granulatus Richardson, 1902
Leptotrichus pulchellus (Dollfus, 1892)
Lucasius hirtus Aubert & Dollfus, 1890
Lyprobius lentus Budde-Lund, 1885
Metoponorthus hidalguensis Mulaik, 1960
Porcellio corcyraeus Verhoeff, 1908
Porcellio gertschi Vandel, 1942
Porcellio pseudopullus Verhoeff, 1901
Porcellio pulchellus Dollfus, 1892
Porcellio vestitus Racovitza, 1908
Porcellionides davisi Mulaik & Mulaik, 1943

Diagnóstico:

Corpo bastante convexo, com granulação quase minuciosa. Cor castanha clara ou amarelada, com manchas de castanho escuro em cada segmento. Frontalmente, a cabeça (cefalotórax) é saliente num lobo mediano, bem como, nos lados com lobos laterais arredondados. Na base dos lobos laterais, existem pequenos olhos distintos. As primeiras antenas são muito pequenas. Segundas antenas externas proeminentes; com o quinto artículo mais longo do pedúnculo, flagelo com dois artículos, o primeiro com cerca de metade do comprimento do segundo.

Com 7 segmentos torácicos (pereonitos), partes laterais (epímeros) dos dois primeiros não expandidas, mas os outros cinco expandidos e dirigidos posteriormente. Abdómen com 5 segmentos (pleonitos), epímeros do terceiro, quarto e quinto segmentos amplamente alargados posteriormente e lateralmente e epímeros pouco desenvolvidos nos dois primeiros segmentos abdominais. Pleotelson geralmente triangular, estendendo-se para além das partes laterais do último segmento abdominal.

Observações:

Os caracteres morfológicos desta espécie de isópode são muito semelhantes a uma espécie do género *Agabiformius* Verhoeff, 1908. No entanto, apesar de parecer mais próxima da última espécie nomeada do que de qualquer uma das anteriores, esta espécie não pode ser identificada com nenhuma das espécies descritas do género *Leptotrichus* Budde-Lund, 1879: *L. panzerii* (Audouin e Savigny), *L. tauricus* Budde-Lund, *L. squamatus* Budde-Lund, e *L. lentus* (Budde-Lund).

Habitat e distribuição:

Agabiformius lentus é considerado um isópode terrestre, Richardson (1905) registou-o em coral morto em Castle Harbor, ilha das Bermudas, EUA.

De acordo com Vandel (1962), esta espécie é originária do Mediterrâneo oriental. Foi levada para muitas outras regiões do mundo, incluindo a China, a América do Sul, a África e o norte da Europa, pela atividade humana (Schmalfuss, 2003). Apesar da sua adaptação a ambientes secos, ocupa facilmente locais sinantrópicos em França, como os jardins (Vandel, 1962).

Neste estudo, *A. lentus* foi registado apenas uma vez na estação de Al-Minya, especificamente associado à zona vegetada do rio. O amostrador de draga foi fundamental para a captura deste espécime de isópode, evidenciando a eficácia deste método de amostragem na captura de organismos que habitam a vegetação ribeirinha.

Ordem: Decapoda
Subordem: Pleocyemata
Família: Atyidae
Género: *Caridina* H. Milne Edwards, 1837
Caridina africana Kingsley, 1883
Caridina nilotica (P. Roux, 1833)

34. *Caridina africana* Kingsley, 1883 (Fig. 47)

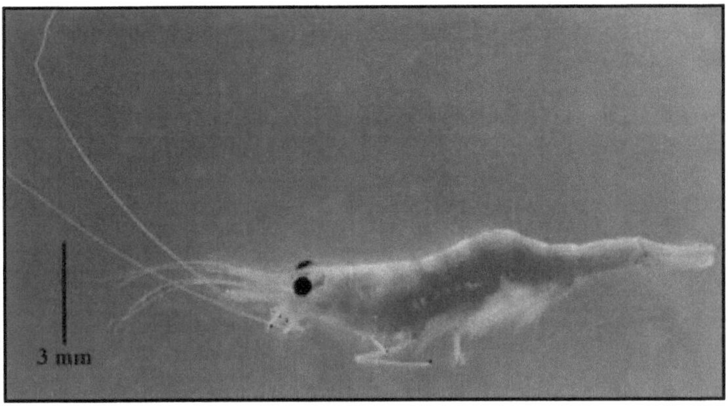

Fig. 47. *Caridina africana* Kingsley, 1883

Nomes sinónimos:

Caridina wyckii var. *paucipara* Weber, 1897: 168.

Caridina africana forme *typica* Bouvier, 1925: 213; Fig. 470.

Diagnóstico:

O rostro é uma estrutura robusta e linear que pára antes da borda anterior da escama antenal. Possui 11-25 dentes dorsais e um número de dentes ventrais que varia entre 2-9. O comprimento da carapaça é superior ao comprimento do rostro. A córnea do olho é globular e larga, mas mais curta do que o pedúnculo ocular. O segmento basal do pedúnculo antenal apresenta um dente disto-lateral e um estilocerito com cerca de dois terços do seu comprimento e muito pontiagudo. A escama antenal apresenta um dente distal, pontiagudo e conspícuo, que não se estende até a extremidade da placa. Além disso, o pedúnculo antenal é ligeiramente mais curto do que metade do comprimento da escama. Situado na margem anterior da carapaça, um pouco abaixo do ângulo orbital, encontra-se um espinho antenal bem desenvolvido. Os dedos do primeiro pereiópode apresentam as caraterísticas escovas distais densas de cerdas longas; no entanto, o segundo pereiópode é mais comprido do que o primeiro. Com poucas excepções, a forma e o comprimento do quarto e quinto pereiópodes são semelhantes aos do terceiro pereiópode. O telso é mais comprido do que o último somito do abdómen. Além disso, a parte dorsal do telso apresenta 3 espinhos de cada lado.

Observações:

O rostro de *C. africana*, embora subigual à escama antenall, é sempre mais curto do que a carapaça (0,67-0,84: 1). Enquanto isso, em *Caridina nilotica*, o rostro é igual ou mais longo que a carapaça, e geralmente muito mais longo que a escala antenal, raramente igual, mas nunca mais curto que a escala antenal. *C. africana* também pode ser distinguida de *C. nilotica* pelo telso, que possui um grupo de 7-11 espinhos longos e delgados entre o par de espinhos laterais fortes (Gordon, 1930).

Habitat e distribuição:

Segundo Hussein & Obuid-Allah (1990), este camarão de água doce foi recolhido em Aswan, Asyut, al-Fayum, al-Giza, al-Manusra e Tanta, entre outras regiões do Egito. Segundo Gordon (1930), esta espécie representa 1,14% de todos os camarões que analisou no Baixo Egito.

Este estudo revelou a presença de espécies num único local, a estação de Al-Minya. A captura bem sucedida deste camarão foi conseguida através da utilização de um amostrador de draga. Este facto pode realçar a importância do substrato arenoso como tipo de sedimento favorito para este decápode.

---

35. *Caridina nilotica* (P. Roux, 1833) (Fig. 48)

Nomes sinónimos:

Pelias niloticus P. Roux, 1833, 28: 72-78, Pl. 7, Fig.1.
Caridina nilotica var. *typica* Bouvier, 1925: 146; Fig. 308.

Diagnóstico:

Normalmente longo e estendendo-se para além da escama antenal, o rostro raramente é tão longo como a escama antenal. O comprimento do rostro é 1-1,3 vezes maior do que o comprimento da carapaça. Vinte dentes dorsais posicionados proximalmente, criando um espaço distal percetível. Dentes ventrais 17, uniformemente espaçados desde a ponta até à extremidade proximal. Carapaça longa com um espinho antenal reconhecível no ângulo orbital. Ângulo pterigostómico arredondado. O comprimento da carapaça é 0,5-0,7 vezes superior ao do somito abdominal 6. Telson mais longo que o 6th somito abdominal, afinando distalmente, com 4 pares de pequenos espinhos dorsais e dois pares de espinhos terminais curtos e robustos, com um espinho mediano curto entre eles. Urópode com 12 espinhos diaerésicos.

Fig. 48. *Caridina nilotica* (P. Roux, 1833).

Observações

Caridina nilotica com um rostro que é geralmente muito mais longo do que a escama antenal (Richard & Clark, 2005). No Egito, alguns estudos, como o de Hussein & Obuid-Allah (1989, 1992a, b, c), foram realizados sobre a subespécie (*Caridina nilotica nilotica*) que foi recolhida no distrito de Asyut. Richard & Clark (2005) redescreveram *Caridina nilotica*, considerando esta subespécie como nome sinónimo da espécie.

Habitat e distribuição:

De acordo com P. Roux (1833), o camarão de água doce, *Caridina nilotica*, encontra-se na zona litoral vegetada de rios e lagos. Desde a África Oriental até ao Pacífico Ocidental, pode ser encontrado em mares interiores subtropicais e tropicais (Leuven *et al.*, 2008). *A Caridina nilotica*, também conhecida como *Pelias niloticus*, foi registada por Roux

(1833) no rio Nilo, no Egito; no entanto, a localização específica não foi especificada (Richard & Clark, 2005).

É uma espécie detritívora e herbívora que desempenha um papel vital no fluxo de energia dos ecossistemas de água doce (Gordon, 1930; Hart, 1980). Esta espécie foi registada no lago Nasser por alguns autores (Fishar, 1995; Abdel Mola & Abdel Gawad, 2014), bem como, nos quatro khors do norte do lago por Abdel Wahab *et al.* (2018).

Este estudo revelou também a presença de espécies num único local, a estação de Al-Minya. A captura bem sucedida deste camarão foi também conseguida através da utilização de um amostrador de draga. Mais uma vez, este facto pode também indicar a importância do substrato arenoso como tipo de sedimento preferido para este camarão.

Subfilo: Hexapoda
Classe: Insectos
Subclasse: Pterygota
Ordem: Dípteros
Família: Chironomidae

36. Chironomidae (Larvas) (Fig. 49)

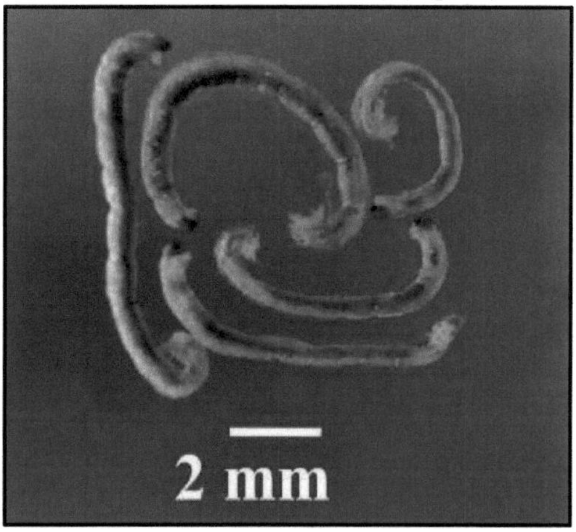

Fig. 49. Larvas de Chironomidae

Diagnóstico:

Larvas de quironomídeos pequenas a grandes; cor vermelha, por vezes esbranquiçada ou esverdeada. Os pontos oculares são geralmente duplos, dispostos uns sobre os outros, raramente fundidos para parecerem únicos. O corpo das larvas é composto por uma cápsula cefálica e um segmento numeroso. São sempre três segmentos torácicos visíveis externamente e nove segmentos abdominais. Os parapódios anteriores emparelhados, localizados ventrolateralmente no primeiro segmento torácico, são os únicos apêndices do tórax. São "falsas pernas" carnudas, não segmentadas, com ganchos. Os parapódios posteriores comparativos situam-se ventrolateralmente no segmento abdominal terminal. Os parápodes podem estar parcial ou completamente fundidos e, em casos raros, podem estar diminuídos ou ausentes, juntamente com as garras. Os próceres, ou tubérculos emparelhados, estão posicionados na face dorsal do último segmento abdominal. Cada tubérculo possui um tufo apical de cerdas. Adicionalmente, entre as bases dos parápodes posteriores e posteriormente a elas, encontram-se um a três pares de túbulos anais.

Um ou dois pares de túbulos ventrais, ou brânquias traqueais, no segmento abdominal VIII e, frequentemente, um par que surge lateralmente perto da margem posterior do segmento abdominal VII estão presentes nas larvas de *Chironomus* e de alguns dos seus parentes.

Observações:

A identificação dos quironomídeos baseia-se principalmente no último instar larvar, uma vez que têm quatro estádios larvares distintos (instares) com alterações morfológicas entre eles (Cranston, 2019). A identificação das larvas de Chironomidae requer um exame meticuloso dos seus corpos e das cápsulas da cabeça separadas. Este processo pode ser bastante moroso e pode resultar apenas na identificação ao nível do género. Para efeitos do presente estudo, as larvas de Chironomidae foram classificadas como um único grupo.

Habitat e distribuição:

As larvas de Chironomidae são os estádios imaturos de uma família diversa e abundante de Diptera (moscas verdadeiras). Estas larvas podem dominar a biota de macro-invertebrados de qualquer ambiente aquático (Cranston, 2019). No lago Nasser, Iskaros (1988, 1993) identificou alguns géneros de larvas de quironomídeos. Os géneros identificados foram: *Chironomus* sp., *Cricotopus* sp., *Cryptochironomus* sp., *Microtendipes* sp., *Nilodorum* sp., *Polypedilum* sp., *Procladius* sp. e *Tanytarsus* sp. Também, Fishar (1995) registou todos os géneros anteriores, para além de *Enallagma* sp. Outros estudos mais recentes como (Ibrahim & Mageed, 2005; Abdel Mola & Abdel Gawad, 2014) registaram géneros iguais ou inferiores a esta lista. Abdel Wahab *et al.* (2018) acrescentaram outros taxa de quironomídeos, incluindo *Dicrotiendipes modestus*, *Ablabemyia* sp. e *Clinotanypus* sp. que habitam os quatro khors do norte do lago Nasser.

As larvas de Chironomidae foram o componente dominante da fauna macro-bentónica neste estudo, estando presentes em todas as estações estudadas. As maiores abundâncias foram registadas em Naga Hammadi, Asyut e El-Qanatir Al-Khayriyyah, respetivamente, o que indica a adaptabilidade e a distribuição generalizada das larvas de Chironomidae no ecossistema estudado.

Ordem: Dípteros
Família: Chironomidae

37. Pupas de Chironomidae (Fig. 50)

Fig. 50. Pupas de Chironomidae

Diagnóstico:

A pupa tem um abdómen achatado dorsoventralmente e um cefalotórax protuberante, o que lhe confere um aspeto algo em forma de vírgula (Cranston *et al.*, 1995). O corpo da pupa divide-se em três zonas distintas: cabeça (zona cefálica), tórax e abdómen. No entanto, as duas primeiras áreas são tratadas como uma unidade, o cefalotórax. Na parte anterior do tórax, um órgão respiratório, denominado corno torácico, está localizado mediolateralmente, o que constitui uma caraterística torácica proeminente. Este órgão respiratório emparelhado para as pupas de vida livre é tipicamente tubular com uma superfície respiratória apical específica (a placa do plastrão). Por outro lado, as pupas de quironomídeos tubícolas têm órgãos respiratórios moldados de forma diferente, sem uma placa de plastrão, e funcionam como brânquias. Em algumas subfamílias (Podonominae e Aphroteniinae), a placa do plastrão não existe, pelo que a câmara interna remanescente é denominada átrio ou saco córneo. Em alguns Orthocladiinae, há uma perda adicional ou mesmo a ausência completa do átrio, enquanto que em Chironominae, a brânquia traqueal simples é encontrada com estrutura multi-filamentosa e plumosa. Além disso, entre os Nematocera, a disposição das bainhas das pernas pode ser crucial para o diagnóstico. O número e a localização de cerdas caraterísticas em várias partes do tórax, incluindo o antepronoto (mediano e lateral), pré-corneal, pré-alar, dorsocentral, supralar e metanotal, são significativos do ponto de vista filogenético (Coffman, 1983). Pode haver tubérculos específicos da espécie nas bainhas das asas, na região pré-alar e na área ao longo da sutura mediana. Abdómen com nove segmentos, com o tergito e o esternito do último segmento modificados como um lobo natatório (lobo anal), que possui um número de macrosetae.

Observações:

A morfologia geral das pupas de Chironomidae assemelha-se muito à de outras famílias de nematocerontes aquáticos, o que torna a sua identificação difícil (Armitage *et al.*, 1995). No entanto, um exame cuidadoso, associado à consideração de todas as caraterísticas distintivas disponíveis, pode ajudar a uma identificação exacta das pupas. No entanto, ainda não foi realizado nenhum estudo para identificar pupas de Chironomidae no rio Nilo, no Egito.

Habitat e distribuição:

A fase de pupa dos quironomídeos é de curta duração, especialmente quando comparada com a fase larvar. A duração pode ser de apenas algumas horas ou de alguns dias para a subfamília Podonominae, de vida longa (Cranston, 2019). Apesar de sua breve existência, o estágio pupal sofre mudanças morfológicas substanciais à medida que a pupa se desenvolve para o adulto. As pupas da família Chironomidae podem ser de vida livre, movendo-se no bentos, como no caso dos Aphroteniinae, ou penduradas sob a superfície da água, como no caso das subfamílias Tanypodinae e Podonominae. De acordo com Armitage *et al.* (1995), as pupas de outras subfamílias residem tipicamente em tubos ou em películas de cobertura feitas pelo último instar larvar.

As pupas de Chironomidae foram registadas no lago Nasser por Abdel Gawad & Abdel Mola (2014), bem como nos quatro khors do norte do lago por Abdel Wahab *et al.* (2018).

No presente estudo, foram detectadas pupas de Chironomidae em todas as estações estudadas, o que reflecte a sua presença generalizada. Em particular, as densidades mais elevadas foram registadas nas estações de Naga Hammadi e El-Qanatir Al-Khayriyyah, respetivamente. Esta constatação sublinha a importância destes locais da barragem no apoio ao desenvolvimento e emergência de pupas de Chironomidae no ecossistema estudado.

Ordem: Ephemeroptera
Família: Oligoneuriidae
Género: *Lachlania* Hagen, 1868

38. *Lachlania* sp. (N) (Fig. 51)

Fig. 51. *Lachlania* sp.

Diagnóstico:

Larva grande, até 12 mm, com antena relativamente longa. Coloração da ninfa geralmente castanha, com as pernas torácicas de cor mais clara. Cabeça sem presas mandibulares. Patas anteriores com uma fila dupla de cerdas longas. Placas branquiais ovais e presentes nos segmentos abdominais 1-7, também na base das maxilas. Brânquias abdominais comprimidas, com as do primeiro par ventralmente. Ângulos póstero-laterais dos segmentos abdominais posteriores (8 e 9) com espinhos laterais finos e achatados.

Observações:

Os membros de Oligoneuriidae podem ser facilmente distinguidos da família semelhante Isonychiidae através da observação das brânquias no primeiro segmento abdominal. As brânquias de Isonychiidae são dorsolaterais, assemelhando-se a outras brânquias em termos de posição e forma, sendo as fibrilas branquiais mais curtas do que as placas branquiais. Em contrapartida, as brânquias dos Oligoneuriidae são ventrais e têm fibrilas mais longas do que a placa branquial, ou são inteiramente constituídas por fibrilas (Boucard, 2009).

Habitat e distribuição:

À semelhança da maioria dos oligoneurídeos, as ninfas *de Lachlania* encontram-se tipicamente em riachos de cursos de água de vários tamanhos, bem como em grandes cursos de água com um fluxo significativo e substratos de areia inconstantes (Boucard, 2009).

Neste estudo, foram registadas ninfas *de Lachlania* na estação de Al-Minya, especificamente associadas a sedimentos de areia e cascalho. A utilização de um amostrador de draga revelou-se eficaz na captura destas ninfas de movimento rápido.

Género: *Homoeoneuria* Eaton (1881)

39. *Homoeoneuria* sp. (N) (Fig. 52)

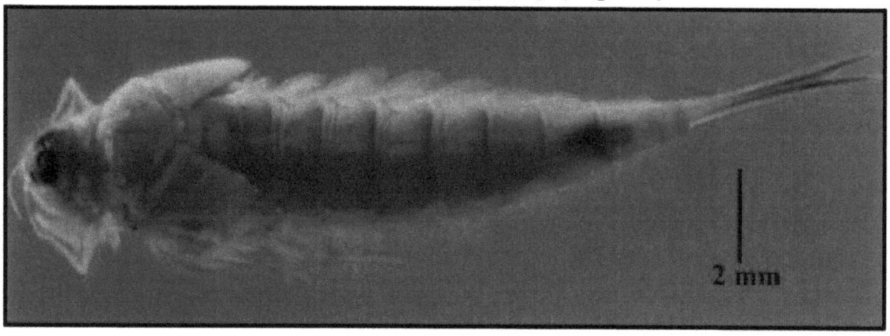

Fig. 52. *Homoeoneuria* sp.

Diagnóstico:

A cabeça hipognata apresenta as peças bucais apontadas para baixo e carece de uma zona clipeal frontal alargada, apresentando em vez disso pêlos antero-marginais espessos. Três ocelos e um par de olhos compostos adornam a cabeça. As antenas, inseridas por baixo dos olhos, atingem quase o comprimento da cabeça e são constituídas por 11 a 13 segmentos. O pedicelo tem aproximadamente o dobro do comprimento do escapo, estendendo-se para além da margem anterior da cabeça.

O tórax apresenta uma estrutura única, aparecendo como uma unidade contínua sem divisões visíveis. No entanto, o pronoto, com a sua extensão posterolateral proeminente, sobrepõe-se à base das coxas protorácicas. Três pares de pernas articuladas estão ligadas ao protórax, mesotórax e metatórax; compostas geralmente por (coxa, trocânter, fémur, tíbia, tarso e garra do tarso); com pernas mais curtas para o protórax. O segmento torácico médio e o último têm um par de almofadas alares cada. Pernas protorácicas com tarsos reduzidos (em forma de papila). As pernas meso e metatorácicas são caracterizadas por garras tarsais delgadas e desprovidas de dentículos. As pernas metatorácicas possuem coxas cilíndricas adornadas com uma quilha apical proeminente, enquanto os trocânteres apresentam um esporão apical distinto.

A região abdominal tem 10 segmentos. Segmentos 8-9 com espinhos póstero-laterais. Esterno do segmento 1 com um processo posteromediano curto em forma de dedo. A brânquia do segmento 1 tem, ventralmente, grandes lamelas multiarranjadas sem forma de placa. Os segmentos 2-7 apresentam brânquias emparelhadas, achatadas e em forma de folha, sem porção fibriliforme. Para os filamentos caudais, o filamento terminal é ligeiramente mais curto do que os cercos; cercos com cerdas marginais internas longas, filamento terminal com cerdas marginais internas e externas longas.

Observações:

De acordo com (Pescador & Peters, 1980), as ninfas do género *Homoeoneuria* podem ser caracterizadas de todos os restantes géneros de Oligoneuriidae pela combinação de caracteres que se seguem: 1) o pronoto tem uma extensão póstero-lateral proeminente que se sobrepõe à base das coxas protorácicas; 2) uma quilha apical proeminente é encontrada nas coxas metatorácicas; 3) pernas protorácicas com tarsos reduzidos (tipo papila); 4) Garras das pernas meso e metatorácicas delgadas, sem ganchos e sem dentículos; 5) Esterno do segmento 1 com um processo posteromediano curto, semelhante a um dedo; 6) Segmentos 2-7 com brânquias em forma de folha, achatadas e emparelhadas, sem porção fibriliforme.

Habitat e distribuição:

Ninfas do gênero *Homoeoneuria* foram monitoradas habitando o fundo arenoso do rio (Salles *et al*., 2009). Algumas espécies do género foram registadas neste mesohabitat, tais como *Homoeoneuria dolani* é registada dos rios arenosos da Geórgia (Savannah River e Blackwater River), Carolina do Sul (Edmunds *et al,* 1958); *Homoeoneuria cahabensis* ocorre no Alabama e Mississippi, Alabama; *Homoeoneuria ammophila* é conhecida por ocorrer em Indiana, Illinois (Spieth, 1937; Burks, 1953) e

Kansas (Edmunds *et al.*, 1958); *Homoeoneuria salviniae* é também conhecida por ocorrer na Guatemala (Eaton, 1881) e México.

Através de movimentos vibratórios do abdómen auxiliados pelas patas, a ninfa penetra rapidamente na areia enquanto vive à superfície. Além disso, a utilização das cerdas longas e pectinadas presentes nas patas anteriores em associação com os movimentos das brânquias permite filtrar os alimentos da água nos interstícios da areia e melhorar o processo de respiração (Salles *et al.*, 2009).

Neste estudo, foi registado um pequeno número de ninfas pertencentes ao género *Homoeoneuria* em cinco estações: Esna, Sohag, Asyut, Beni Suef e Helwan. O tipo de sedimento nestas estações é caracterizado por um elevado teor de areia.

Família: Caenidae
Género: *Caenis* Stephens, 1835
Caenis horaria (Linnaeus, 1758)
40- *Caenis horaria* (Linnaeus, 1758) (Fig. 53)

Fig. 53. Ninfas de *Caenis horaria* (Linnaeus, 1758)

Nomes sinónimos:
Caenis dimidiata Stephens, 1835
Caenis lactella Eaton, 1884
Ephemera horaria Linnaeus, 1758

Diagnóstico:

O comprimento do corpo varia entre 4,0 e 5,5 mm; a cápsula da cabeça tem dois grandes olhos compostos, três ocelos (olhos simples) e duas antenas longas colocadas à frente dos olhos; não há tubérculos ocelares.

O tórax é composto por três segmentos. O pronoto possui as faces divergentes anteriormente para fora, resultando em uma leve concavidade nas suas margens laterais, bem como, com dois pequenos tubérculos posicionados próximos à linha mediana do pronoto. O metatórax e o mesotórax são combinados. Cada segmento possui duas patas, que muitas vezes formam uma única garra na extremidade. As patas são fortes e frequentemente cobertas de espinhos, pêlos ou cerdas.

Segmentos abdominais moderadamente achatados dorsoventralmente; margens laterais delimitadas por cerdas. O abdómen é constituído por dez segmentos, alguns dos quais podem estar encobertos por um enorme par de brânquias operculadas, com margens exteriores subquadradas, fortemente esclerotizadas e orladas de longas cerdas. A margem posterior do último esternito visível do abdómen (esternito IX) é largamente truncada, sem indentação. O abdómen termina em três cercos longos e finos, semelhantes a fios.

As brânquias estão presentes nos segmentos 1-6 e apresentam uma grande diversidade de estruturas. A brânquia 1 tem origem na margem ântero-lateral do segmento e tem uma forma filiforme, atingindo 3-4 vezes o comprimento médio do tergúmeno abdominal 2. É adornada com cerdas dispersas e orientada lateralmente. A brânquia 2 tem uma origem posterior no segmento e tem uma forma operculada e subquadrada. É fortemente esclerotizada, com cerdas longas a rodear as suas margens exteriores e uma crista em forma de Y na superfície dorsal. As brânquias 3 a 6 têm origem na margem posterior dos respectivos segmentos e são de estrutura lamelar, com margens franjadas orientadas medialmente. A superfície dorsal destas brânquias é caracterizada por uma fila de cerdas fimbriadas e uma cobertura densa de presumíveis células de cloreto.

Observações:

Caenis horaria pode ser distinguida da espécie conspecífica (*C. robusta*), que tem pequenos tubérculos semelhantes no pronoto, observando a margem posterior do último esternito visível do abdómen (esternito IX). Em *C. horaria*, é amplamente truncado sem um entalhe profundo, enquanto que em *C. robusta* é arredondado.

Habitat e distribuição:

As ninfas de *Caenis horaria* podem viver em habitats lênticos ou lóticos de cursos de água ou em lagos, onde se enterram e vivem na lama e no lodo do leito do curso de água (Elliott *et al.*, 1988). Estas ninfas são fracas nadadoras, mas estão adaptadas para rastejar sobre a lama e o lodo, onde se alimentam recolhendo ou juntando detritos orgânicos de partículas finas do sedimento. (Int Panis *et al.*, 1995).

Muitos tipos diferentes de caçadores consomem ninfas de efémeras (Grant, 2001). As moscas-das-pedras, os caddisflies, os amieiros, as libélulas, os insectos aquáticos, as sanguessugas, os triclads e os lagostins são alguns dos caçadores de invertebrados aquáticos (Sartori e Brittain, 2015).

No presente estudo, foram recolhidas ninfas de *Caenis horaria* em todas as estações, exceto Luxor, Sohag e Beni Suef. As maiores abundâncias foram registadas em El-Qanatir Al-Khayriyyah e Esna, respetivamente, sendo a lama e o lodo os tipos de sedimentos caraterísticos da primeira estação. Badawy *et al.* (2013) registaram ninfas de *Caenis horaria* no ramo Rashid, kafr El Zayat.

Família: Baetidae
Género: *Cloeon* Leach, 1815
Cloeon dipterum (Linnaeus, 1761)

41-*Cloeon dipterum* (Linnaeus, 1761) (N) (Fig. 54)

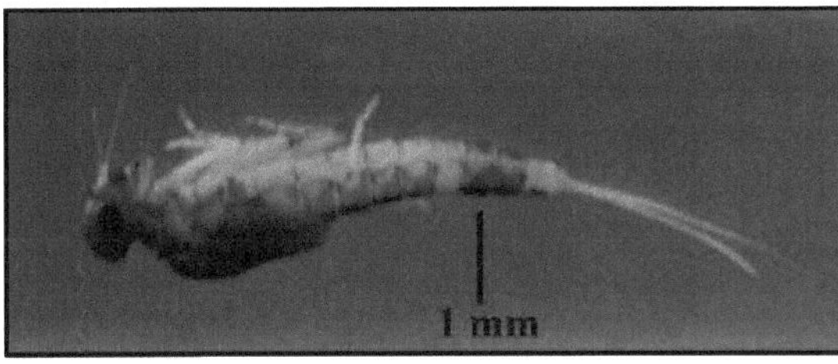

Fig. 54. Ninfa de *Cloeon dipterum* (Linnaeus, 1761)

Nomes sinónimos:

Chleon dipterum (Linnaeus, 1758)
Chloeon dipterum (Linnaeus, 1761)
Cleon dipterum Linnaeus, 1761
Cloe diptera (Linnaeus, 1761)
Cloeon dimidiatum Curtis, 1834
Cloeon pallida Leach, 1815
Cloeon sgezedi Jacob, 1969
Cloeopsis diptera (Linnaeus, 1761)
Ephemera diptera Linnaeus, 1761
Ephemera rufula O.F.Müller, 1776

Diagnóstico:

Larvas pequenas, com 6-9 mm de comprimento, com a parte dorsal do corpo maioritariamente escura. Vértice amarelo-castanho pálido, com duas filas de manchas castanhas irregulares. Antenas longas, quase 3-4 vezes o comprimento da cápsula da cabeça; flagelos pálidos, pedicelos e escapos castanhos pálidos. Nas tergas abdominais 2-6, há pontos centrais amarelos emparelhados e contrastantes, orientados obliquamente para trás. Estas manchas são geralmente grandes e dispersas nos terga 7-9. Existe outra pequena mancha posterolateral escura nos terga 2-9. Garras tarsais das patas anteriores cobertas de dentículos até pouco mais de metade do seu comprimento. Os fémures médios e posteriores das pernas torácicas não apresentam uma marca negra distal definida. As margens laterais dos segmentos abdominais 5-9 são suportadas por um número variável de espinhos (3-12 em cada segmento individual), com menor número de espinhos nos segmentos anteriores do que nos posteriores. As brânquias duplas lamelares ventrais (mais ou menos circulares) encontram-se nos segmentos 1-6. As lamelas dorsais apresentam algumas diferenças em relação às lamelas aliadas. Brânquia 7 com uma única lamela, com uma margem posterior reta. Filamentos caudais de cor clara, com uma anulação castanha escura repetida; filamento terminal mediano ligeiramente mais curto do que os cercos.

Observações:

As ninfas de *C. cognatum*, *C. inscriptum* e *C. dipterum* apresentam semelhanças notáveis, o que torna difícil distingui-las de forma fiável. Estas três espécies estão intimamente relacionadas e são frequentemente consideradas conspecíficas. Enquanto *C. cognatum* e *C. inscriptum* têm uma distribuição alargada na Europa (Bauernfeind & Soldán, 2012), a área de distribuição de *C. dipterum* é comparativamente mais estreita (Rutschmann *et al.*, 2014, 2017).

Habitat e distribuição:

Cloeon dipterum (L. 1761) é uma espécie de mosca que se encontra amplamente dispersa nas regiões temperadas do continente euro-asiático, incluindo a Europa, a Sibéria, a Mongólia e o Nordeste da Ásia (Sowa, 1975; Bae, 1997).

Bauernfeind & Soldán (2012) indicaram que as ninfas de *C. dipterum* habitam quase todos os tipos de ambientes naturais, eudominantemente em águas lênticas (por exemplo, em tanques de peixes eutrofizados), mas também encontradas em águas correntes, particularmente em grandes rios de fluxo lento e remansos. Foram observados registos adicionais na secção rithralic dos rios. São normalmente cúmplices de plantas aquáticas ou seguem a vegetação ao longo das margens (Tong & Dudgeon, 2021). Badawy *et al.* (2013) registaram a presença de ninfas *de C. dipterum* no braço de Rashid e em Kafr El Zayat.
Neste estudo, as ninfas de *Cloeon dipterum* foram registadas apenas na estação de Al-Minya, tendo a sua presença sido detectada com o amostrador de draga. Este facto pode evidenciar a importância do substrato arenoso como tipo de sedimento preferido para este efemeróptero.

Ordem: Odonata
Subordem: Zygoptera (Brânquias constituídas por 3 placas externas planas na extremidade posterior) (Ninfas de libélulas)
Superfamília: Coenagrionoidea
Família: Coenagrionidae
Género: *Ischnura* Charpentier, 1840
Ischnura senegalensis Rambur, 1842 (N)

42-*Ischnura senegalensis* Rambur, 1842 (N) (Fig. 55)

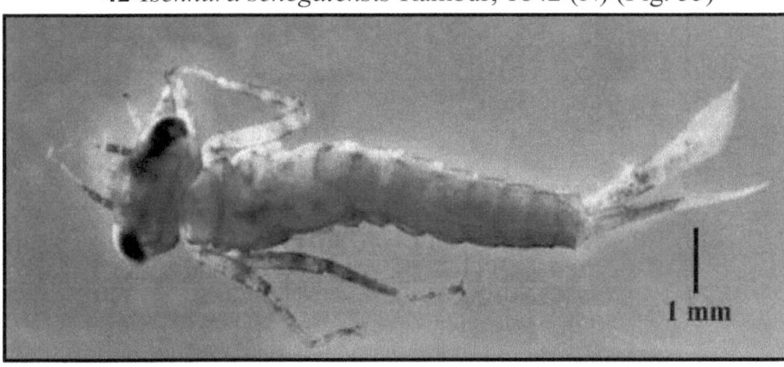

Fig. 55. *Ischnura senegalensis* Rambur, 1842 (N)

Nomes sinónimos:
Agrion senegalense Rambur, 1842: Hist. nat. Ins. Neuropt:276 [Material tipo: M; Localidade tipo: Senegal]
Agrion (*Ischnura*) *senegalense* Selys, 1876: Synopsis des Agrionines, Add. 5: 29.
Micronympha senegalensis Kirby, 1890: Syn. Cat. Neur.-Odon., Londres: 141.
Micronympha senegalensis Kirby, 1896: ann. Mag. nat. Hist., (7) 2: 244.

Diagnóstico:

Comprimento das ninfas variável (12,5 a 15,2 mm); largura máxima medida através dos olhos. Cor castanho-alaranjada; lamelas caudais de cor mais clara. Antenas filiformes afiladas. Lábio distinto, o pré-mento tem algumas cerdas espioiformes nos lados com cerdas pré-mentais de $3 +_{11} 3$. Setas do palpo premental 5+5; a extremidade distal do palpo é formada por duas projecções, a projeção externa no lado apical forma 4 pequenos dentes, enquanto a interna termina num gancho grosso e curvo. Tórax com três pares de patas. Na extremidade das tíbias existem várias cerdas tridentadas dispostas hapbazardalmente, enquanto que na face externa dos tarsos existe uma fila dupla de cerdas longas e pectinadas. O epiprocto e os paraproctos da lamela caudal são de forma foliácea, lamelas duplex, afiladas em ambas as extremidades, castanho claro com traqueias mais escuras. Pequenas cerdas espiniformes dispostas em fila na traqueia média.

Observações:

O método mais imediato para reconhecer as ninfas das duas subordens (Zygoptera e Anisoptera) de Odonata é a observação do abdómen. Na maioria dos Zygoptera existem três placas externas, semelhantes a folhas, na ponta do abdómen, que funcionam como brânquias. Entretanto, nos Anisoptera, as brânquias são crescimentos internos da parede do intestino posterior que são ventilados quando a água é bombeada através do ânus. Além disso, os anisópteros são geralmente mais corpulentos do que os zigópteros.

Habitat e distribuição:

As ninfas de *Ischnura senegalensis* ocorrem em cursos de água lentos e lóticos ou em águas lênticas, sendo nadadoras dinâmicas e permanecendo naturalmente ligadas às plantas submersas (Kumar, 1973).

I. senegalensis está disseminada nas zonas tropicais e subtropicais do Sudeste Asiático, na Ásia incluindo (Coreia, Japão, China, Extremo Oriente russo, Taiwan, Tailândia, Filipinas, Vietname, Malásia, Indonésia, Índia, Paquistão) e em África (Yum *et al.*, 2010). A sua área de distribuição em África abrange a Península Arábica, partes do Médio Oriente e todo o Vale do Nilo até ao Mar Mediterrâneo (El Rayah & Gobara, 2001).

Em particular, apenas foi registado um único espécime na estação de Naga Hammadi, onde a amostragem foi efectuada a montante da barragem de Naga Hammadi, no microhabitat de riachos lóticos de movimento lento.

Subordem: Anisoptera (Brânquias no trato digestivo posterior) (Ninfas de libélulas)
Família: Macromiidae
Género: *Phyllomacromia* Selys, 1878
Phyllomacromia africana (Selys, 1871)

43-*Phyllomacromia africana* (Selys, 1871) (N) (Fig. 56)

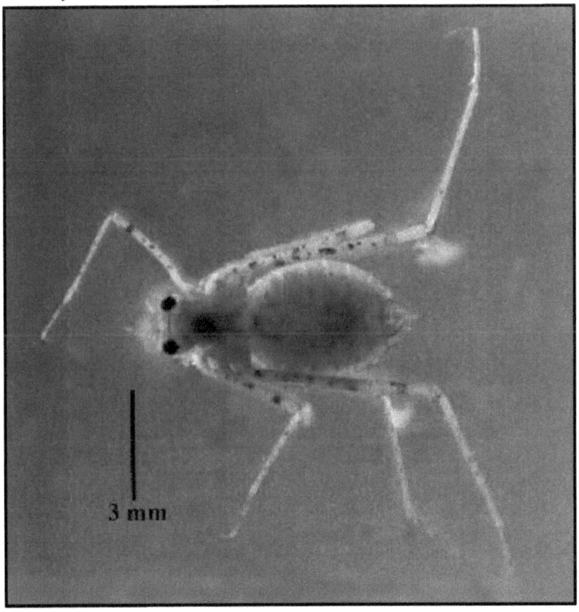

Fig. 56. *Phyllomacromia africana* (Selys, 1871)

Diagnóstico:

As ninfas são largas e achatadas, com uma saliência frontal triangular, dando-lhes um aspeto de aranha. A cabeça é mais larga do que os olhos, e o corpo tem muitas cerdas longas e finas e cerdas curtas e pontiagudas num complicado padrão castanho e castanho.
Lábio com 6 longas cerdas palmares. Tórax com três pernas longas. Placa ventral do terceiro segmento do tórax (metasterno) com um tubérculo transversalmente alongado. Dorso dos segmentos abdominais 8 e 9, com espinhos posterolaterais curtos a moderadamente longos (Tennessen, 2019).

Observações:
As ninfas da Subordem Anisoptera (Libélulas) são caracterizadas por guelras no trato digestivo posterior. As ninfas *de Phyllomacromia* e *Didymops* partilham uma semelhança marcante na aparência. Em *Didymops*, a cabeça é menos maciça em relação à largura do tórax, e menor que a largura do protórax através das dragonas. Enquanto isso, em *Phyllomacromia* a cabeça é mais larga em relação à largura do corpo; com pernas torácicas mais longas (Tennessen, 2019).

Habitat e distribuição:

As ninfas de *Phyllomacromia africana* são uma espécie de libélula da família Macromiidae. Esticando-se no fundo em substratos de areia, cascalho ou rocha, ou em emaranhados de raízes e caules, as ninfas *de Phyllomacromia* (=*Macromia*) vivem em riachos de tamanho médio a grande e em grandes lagos banhados por ondas (Tennessen, 2019).

O Uganda, o Senegal, o Sudão, a Tanzânia, o Gana, a Guiné-Bissau, a Nigéria, o Egito e a República Democrática do Congo são alguns dos países onde se encontra disseminada. Os rios e as florestas húmidas de planície em regiões subtropicais ou tropicais são os seus habitats nativos (Dijkstra, 2023).
A utilização de um amostrador de draga na estação de Al-Minya, onde a areia é a caraterística sedimentar dominante, resultou na descoberta de apenas um único espécime.

Subordem: Anisoptera

Superfamília: Aeshnoidea
Família: Gomphidae
Género: *Gomphurus* Needham, 1901

Gomphurus sp. (N)

44-*Gomphurus* sp. (N) (Fig. 57)

Fig. 57. *Gomphurus* sp. (N)

Diagnóstico:

Ninfas médias a grandes, achatadas e largas, castanhas com marcas mediais e submediais emparelhadas mais escuras. Ninfas alongadas, mas relativamente largas e achatadas; o terceiro antenómero é o mais longo dos quatro antenómeros; com muitas cerdas piliformes longas; margem interna da lâmina palmar com dentes distintos. Três pernas torácicas fortes, com fórmula tarsal de 2-2-3, ou seja, os tarsos das pernas protorácicas e mesotorácicas têm apenas dois segmentos e os das pernas metatorácicas têm três segmentos. Apenas em S8 e S9 existem pequenos ganchos middorsais planos; a parte posterior do abdómen afunilou muito abruptamente (Tennessen, 2019).

Observações:

Com 100 géneros existentes e 1.020 espécies, a família Gomphidae de Odonata é a segunda maior do mundo (Schorr e Paulson, 2018). Os subgéneros *Gomphurus*, *Hylogomphus*, *Phanogomphus* e *Stenogomphurus* foram promovidos ao estatuto de género em 2017 como consequência da investigação filogenética.

O género *Phanogomphus*, que tem um ápice do abdómen consideravelmente mais afilado, não deve ser confundido com *Gomphurus* que tem um ápice menos afilado. Adicionalmente, *Gomphurus* tem segmentos abdominais planos de S4 a S8, com exceção de *Gomphurus septima*, que tem segmentos côncavos, algo semelhante a *Phanogomphus*.

Embora sejam frequentemente maiores em comprimento total e noutras medidas, as ninfas de *Gomphurus* têm um habitus semelhante ao de *Hylogomphus* e *Stenogomphurus*.

Habitat e distribuição:

A maioria das ninfas *de Gomphurus* habita águas lóticas, que podem incluir riachos de tamanho médio a grande, reservatórios e, ocasionalmente, lagos enormes, enquanto algumas espécies podem ser encontradas em grandes águas lênticas. Os pequenos lagos e lagoas não são o seu habitat. As ninfas com patas fortes escavam numa série de substratos, tais como depósitos de lama, cascalho, areia e misturas destes materiais. Algumas espécies podem escavar bastante fundo, o que torna difícil a sua localização (Tennessen, 2019).

O estudo registou apenas dois exemplares, cada um recolhido numa estação diferente: Luxor e Naga Hammadi. Esta constatação sublinha a raridade desta espécie no ecossistema estudado.

Superfamília: Libelluloidea
Família: Libellulidae
Género: *Sympetrum*

Sympetrum striolatum (Charpentier, 1840)

45-*Sympetrum striolatum* (Charpentier, 1840) (N) (Fig. 58)

Fig. 58. *Sympetrum striolatum* (Charpentier, 1840)

Nomes sinónimos:

Libellula striolata Charpentier, 1840
Sympetrum neglectum Artobolevsky, 1928
Sympetrum nigrescens Lucas, 1912
Sympetrum ruficollis Charpentier, 1840

Diagnóstico:

Ninfas robustas com corpo medianamente expandido, comprimento variável entre 10,2 e 14,5 mm. Em vista dorsal, olhos salientes lateralmente, imediatamente atrás dos olhos, a cabeça acentuadamente estreita. Antenas longas de sete segmentos. Dorsalmente, máscara labial com premento oco. O premento apresenta um número variável de cerdas maiores (26-36). Também, 11-12 cerdas maiores posicionadas no corpo dos palpos labiais. Patas longas comparáveis com o abdómen. Tórax com pronoto, mesonoto e metanoto distintos; associados a almofadas alares. O abdómen termina em cinco apêndices curtos semelhantes a espinhos. Pirâmide anal da ninfa com cercos de comprimento não superior a metade do comprimento dos paraproctos. Espinhos proeminentes na parte médio-dorsal dos segmentos abdominais 5 a 8 (espinho vestigial por vezes encontrado no segmento 4).

Observações:

Sympetrum striolatum é muito semelhante a *S. sanguineum*, mas possui espinhos abdominais laterais mais longos no segmento 9th . Os espinhos laterais do segmento 9th são ligeiramente mais longos do que o seu comprimento (ver https://british-dragonflies.org.uk/species/common-darter/).

Habitat e distribuição:

As ninfas de *Sympetrum striolatum* encontram-se em charcos de água doce ou em águas lênticas, ou mesmo em águas salobras, e são frequentemente encontradas em pequenos charcos de jardim (ver https://british-dragonflies.org.uk/species/common-darter/).

Neste estudo, as ninfas de *Sympetrum striolatum* foram registadas em três estações: Esna, Naga Hammadi e El-Qanatir Al-Khayriyyah. Em particular, a maior densidade de ninfas foi observada na estação de El-Qanatir Al-Khayriyyah, especificamente no microhabitat de riachos lóticos de movimento lento.

Ordem: Hemiptera
Subordem: Heteroptera
Família: Hebridae
Género: *Hebrus* Curtis, 1833
Hebrus sp. (N)

46-*Hebrus* sp. (N) (Fig. 59)

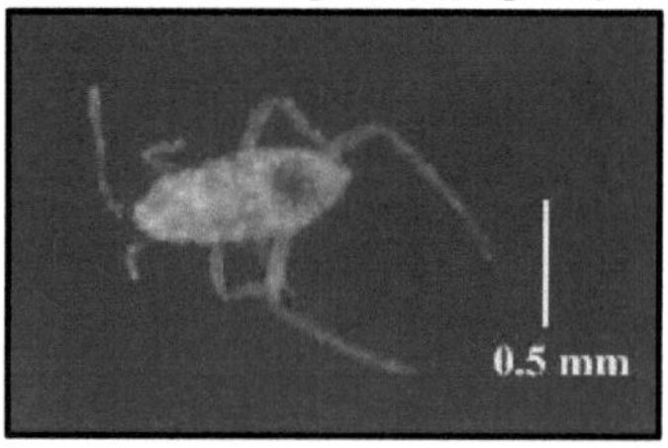

Fig. 59. *Hebrus* sp. (N)

Diagnóstico:

Ninfa muito pequena com antenas longas. Cabeça com um sulco ventral para o bico ou rostro (estilete). Pernas com dois tarsos segmentados, providos de garras apicais.

Observações:

O que caracteriza os hemípteros é o seu "bico", no qual as mandíbulas e maxilas modificadas formam um "estilete" que é revestido por um lábio modificado. Este estilete é adequado para perfurar tecidos e sugar fluidos, enquanto o lábio o suporta. O estilete contém dois canais, um para a locomoção externa da salivação e outro para o movimento interno do alimento fluido. Os membros da família Hebridae distinguem-se pelo seu tamanho muito pequeno.

Habitat e distribuição:

A família Hebridae é vulgarmente conhecida como insectos aquáticos de veludo, incluindo os insectos semi-aquáticos, que habitam as margens de ambientes de água doce (Andersen, 1982; Chen *et al.*, 2005). São predadores que se encontram em algas flutuantes, ervas daninhas ou detritos perto da margem em zonas de água estagnada. As ninfas são encontradas na comunidade bentónica.

Neste estudo, a utilização de um amostrador de draga levou à descoberta de apenas um único espécime na estação de Al-Minya. Este resultado realça a eficácia do amostrador de draga na captura de espécimes, mesmo em situações de baixa abundância.

Família: Belostomatidae
Subfamília: Belostomatinae
Género: Appasus

Appasus urinator urinator Dufour, 1863

47-*Appasus urinator urinator* Dufour, 1863 (N) (Fig. 60)

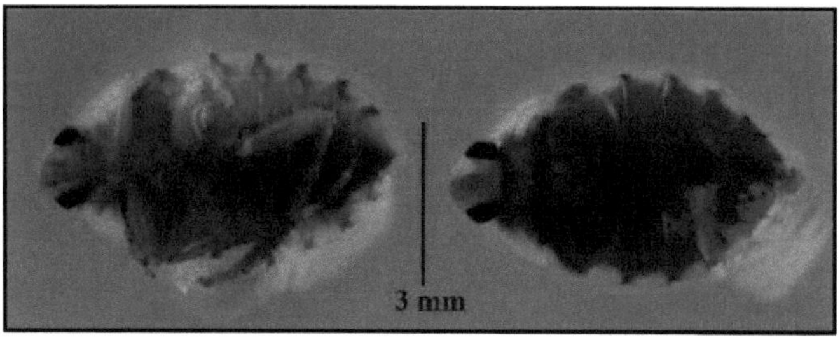

Fig. 60. *Appasus urinator urinator* Dufour, 1863

Nomes sinónimos:

Appasus urinator urinator Dufour, 1863
Sphaerodema urinator urinador (Dufour, 1863)
Sphaerodema urinator (Dufour, 1863) Linnavuori, 1960: 51; Linnavuori, 1964: 334; Tawfik *et al.*, 1978:270-271, Fig.2.; Younes *et al.*, 2016; Younes *et al.*, 2017.
Appasus urinator urinator Dufour, 1863 Novoselsky *et al.*, 2018.

Diagnóstico:

Cabeça com a parte anterior pontiaguda. Ninfa com cerca de 6,5 mm de comprimento e 3,5 mm de largura, olhos compostos bem desenvolvidos. A sua cor é castanha clara, esbatida nos bordos laterais e na sutura ecdisial mediana dorsal em forma de Y no tórax e nos dois primeiros segmentos abdominais. As mandíbulas e maxilas modificadas formam o bico segmentado, que emerge da porção anterior da cápsula da cabeça e se estende para trás ao longo do lado ventral do corpo. Os espiráculos também são claramente vistos no ventre do abdómen. Durante este instar, a extremidade arredondada do abdómen torna-se ligeiramente mais fina e afunilada, assim como as almofadas das asas. A ninfa tem três pares de patas. Antefémur com projeção, antetarso de dois segmentos com uma garra (duas garras iguais), e tíbias e tarsos anteriores lateralmente achatados.

Observações:

De acordo com Novoselsky *et al.* (2018), as ninfas deste hemíptero têm uma predileção por larvas e pupas de mosquitos, mas também se alimentam de uma variedade de outras espécies aquáticas, incluindo insectos, caracóis e outras criaturas de corpo delicado. Em contextos agrícolas, estes predadores têm sido utilizados como controladores de pragas (Coll e Ruberson, 1998). No Egito, Younes *et al.* (2016, 2017) estudaram a utilização de insectos aquáticos (*Sphaerodema urinator* = um nome sinónimo da espécie) como controlo biológico de caracóis hospedeiros que transmitem Fasciola e Schistosomiasis.

Habitat e distribuição:

O Appasus urinator vive em lagos, lagoas, pântanos e campos de arroz (Novoselsky *et al.*, 2018). O género *Appasus* está geralmente distribuído por toda a África, Índia, Sudeste Asiático e Austrália (Novoselsky *et al.*, 2018). *Appasus urinator urinator* é distribuído no Egito, Iraque, Israel, África tropical (Linnavuori 1960; Tawfik *et al.* 1978; Polhemus *1995a*; Estévez & Ribeiro 2011; Novoselsky *et al.*, 2018).

Neste estudo, *A. u. urinator* foi registada em todas as estações, exceto nas três últimas a jusante (*ou seja*, Beni Suef, Helwan e El-Qanatir Al-Khayriyyah), com apenas alguns indivíduos representados.

Família: Micronectidae
Género: *Micronecta* Fabricius, 1794
Espécie: *Micronecta plicata* (Costa, 1878)

48. *Micronecta plicata* (N) (Fig. 61)

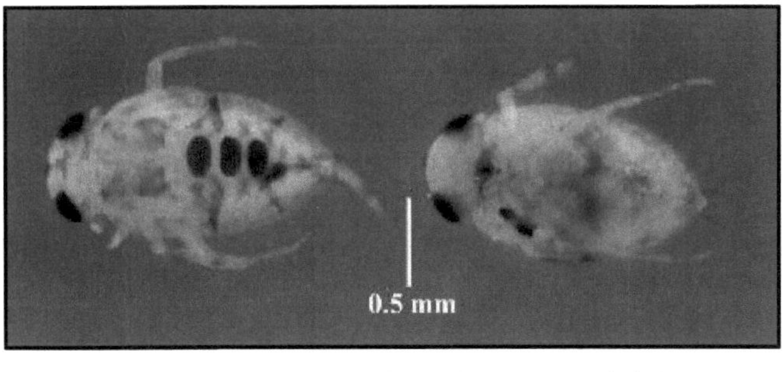

Fig. 61. *Micronecta plicata* (Costa, 1878) (N)

Diagnóstico:

Corpo curto, com menos de 3 mm; vértice convexo; olhos compostos bem desenvolvidos, ocupando uma grande parte das margens dorsolaterais da cabeça, mas estes olhos são enganados pela transparência da sua margem, Ocelos ausentes. Antenas de três segmentos, mais curtas do que a cabeça e inseridas por baixo dos olhos (invisíveis em vista dorsal). Rostro curto e amplamente triangular, não segmentado, afinando apicalmente, com suturas transversais. Escutelo visível, pronoto e hemiélitros (Asa anterior) com coloração simples, sem padrão em mosaico. Hemiélitros mais densamente pontuados. A ninfa tem três pares de patas, cada um composto por coxa, trocânter, fémur, tíbia e tarso; a tíbia média é mais curta do que o tarso.

Observações:

De acordo com um estudo de Clark (1992), a espécie análoga *Micronecta scutellaris* foi um dos macroinvertebrados mais abundantes no lago Naivasha, no Quénia. Esta espécie constitui uma parte importante da dieta dos juvenis de robalo largemouth.

Habitat e distribuição:

Os insectos aquáticos e semi-aquáticos estão disseminados e ocorrem em habitats de água doce, água salobra e marinhos (Basu & Subramanian, 2017). No Egito, El-Sherif *et al.* (1976) registaram pela primeira vez ninfas de *Micronecta plicata* em viveiros e campos de arroz. Mais recentemente, Badawy *et al.* (2013) registaram esta espécie no ramo Rashid e em Kafr El Zayat.

No presente estudo, foram registadas ninfas de *Micronecta plicata* nas três últimas estações a jusante: Beni Suef, Helwan, e El-Qanatir Al-Khayriyyah. No entanto, apenas um pequeno número de indivíduos foi observado nesses locais.

Ordem: Tricópteros
Família: Dipseudopsidae
Género: *Phylocentropus* Banks, 1907

Phylocentropus sp. (L)

49. *Phylocentropus* sp. (L) (Fig. 62)

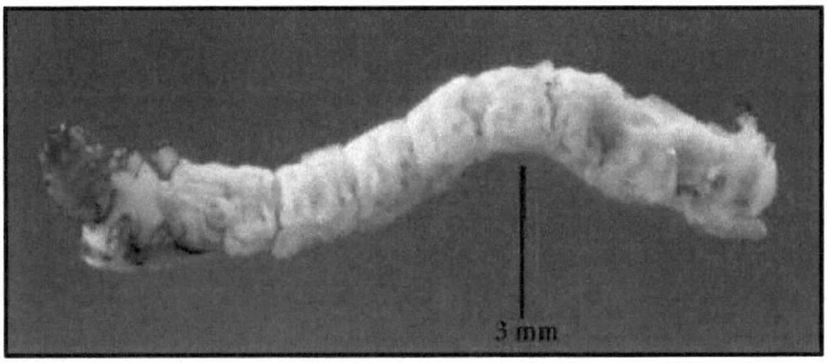

Fig. 62. *Phylocentropus* sp. (L)

Diagnóstico:

Larvas delgadas e longas, até 20 mm. Cabeça com mandíbulas largas, cada uma com uma grande escova setal na superfície da mesal, ambas as mandíbulas estão ajustadas uma à outra (Menking 1978). A ponta do lábio é extremamente alongada, formando a fieira labial. Relativamente mais estreito que o mesotórax e o metatórax é o segmento protorácico; entre a meso e a metanota membranosa, projecta-se uma área membranosa bulbosa (Menking 1978). Como na maioria dos Dipseudopsidae, cada trocantino anterior está fundido com seu pleuron. Os bordos dos escleritos de todas as patas são negros. Os filamentos abdominais são únicos, nos lados; sem brânquias, mas com lóbulos proeminentes que se assemelham a papilas anais que surgem entre as longas pernas anais caudalmente.

Observações:
Os Trichoptera são a sétima ordem mais especiosa de todos os insectos (Adler & Foottit, 2017), com 16 266 espécies existentes em todo o mundo (Morse *et al.*, 2019). As larvas do género *Phylocentropus* distinguem-se dos outros géneros da família Dipseudopsidae pelos tarsos achatados em forma de pá que são mais compridos do que as tíbias, pelas garras tarsais curtas e robustas das patas médias e posteriores e pelo lábio muito comprido que não tem palpos (Wiggins, 1996a).

Habitat e distribuição:

As larvas do género *Phylocentropus* são mais conhecidas pelas suas grandes fiandeiras móveis, que utilizam para construir tubos sedosos nos seus habitats, que são tipicamente rios lóticos de deposição (Wiggins

1996a, Merritt & Cummins 1996). Alimentam-se por filtração, comendo detritos orgânicos finos que foram retirados da suspensão na coluna de água através de uma rede que é rodada no braço de saída do tubo. O mais provável é que as ondulações das larvas na parte vertical do tubo, acima do braço de saída, façam circular a água através do tubo (Wiggins 1996a, Merritt & Cummins 1996). Os membros deste género encontram-se no leste da Ásia e na América do Norte (Sturkie e Morse, 1998).

Neste estudo, as larvas do género *Phylocentropus* foram registadas em quatro estações: Esna, Naga Hammadi, Beni Suef e El-Qanatir Al-Khayriyyah. Foram observadas abundâncias mais elevadas nas duas primeiras estações, Esna e Naga Hammadi.

Família: Ecnomidae

Género: *Ecnomus* MacLachlan, 1864

50. *Ecnomus* sp. (L) (Fig. 63)

Diagnóstico:

Comprimento 7-10 mm. As larvas do género *Ecnomus* têm três placas torácicas totalmente esclerotizadas; sem brânquias abdominais. A cápsula da cabeça apresenta frequentemente um padrão pigmentado distinto. Cabeça amarelada; marca castanha na gena em torno da metade posterior do frontoclípeo, não se estendendo até à parte posterior da cabeça; frontoclípeo com marcas castanhas triangulares laterais anteriormente, que se aproximam medialmente (mas raramente se encontram). Tergitos torácicos amarelados com margens posteriores castanho-escuras. O trocantino anterior é alongado, fino e pontiagudo apicalmente. Pernas abdominais muito desenvolvidas, com garras anais grandes e curvas e pequenos dentes ao longo da margem côncava.

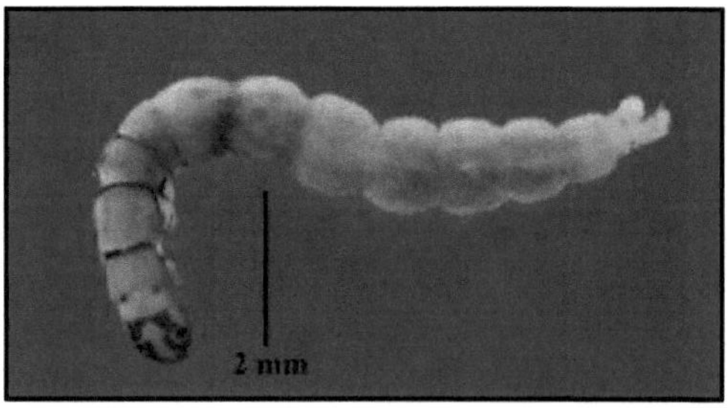

Fig. 63. *Ecnomus* sp. (L)

Observações:

As larvas de *Ecnomus* podem ser distinguidas do género similar *Ecnomina* da seguinte forma: *Ecnomus* tem três placas torácicas totalmente esclerotizadas, enquanto em *Ecnomina*, às vezes, o meso e o metanoto são membranosos ao longo da linha média. No entanto, o trocânter anterior em ambos os géneros é alongado, delgado, pontiagudo apicalmente, mas por vezes é semelhante a uma espada no género *Ecnomina*.

Habitat e distribuição:

As larvas constroem tubos fixos ou retiros de seda soltos que incorporam material vegetal e detritos. Conforme indicado por (Johanson, 2011), existem 68 espécies conhecidas da região Afrotropical, tornando *Ecnomus* um dos maiores géneros da área. Este género foi registado em quase todo o mundo, exceto nas Américas (Kuhara 2016). Com 316 espécies nominais em todo o mundo, encontram-se maioritariamente nas regiões biogeográficas da Australásia, na zona Afrotropical e na região Oriental (Morse, 2016). Numerosos habitats aquáticos, como os ecossistemas lênticos e lóticos, bem como os habitats de rhithon ou potamon, foram documentados como albergando larvas *de Ecnomus* spp. (Dugeon 1999). As larvas de *Ecnomus mennelli* foram registadas no lago Naivasha, no Quénia (Barnard e Clark, 1986). Irvine & Donohue (1999) registaram cinco espécies de *Ecnomus*, nomeadamente (*Ecnomus fuscus*, *E. kivuensis*, *E. thomasseti*, *E. ugandanus* e *E. ulmeri*) no lago Tanganica, que é partilhado entre a Tanzânia, o Burundi, a Zâmbia e a República Democrática do Congo (RDC). Englmaier *et al.* (2020) registaram fases adultas de três espécies do género *Ecnomus* no rio Awash (1, 250 km de comprimento), na Etiópia. Trata-se de *E. nya* (como nova espécie), *E. similis* e *E. thomasseti*.

Neste estudo, as larvas do género *Ecnomus* foram registadas em cinco estações: Esna, Naga Hammadi, Asyut, Helwan e El-Qanatir Al-Khayriyyah. A maior abundância foi observada nesta última estação, especificamente no microhabitat de riachos lóticos de movimento lento, caracterizado por substratos moles enriquecidos com matéria orgânica.

Família: Macronematinae

Género: *Macrostemum* Kolenati, 1859

Macrostemum sp. (L)

51. *Macrostemum* sp. (L) (Fig. 64)

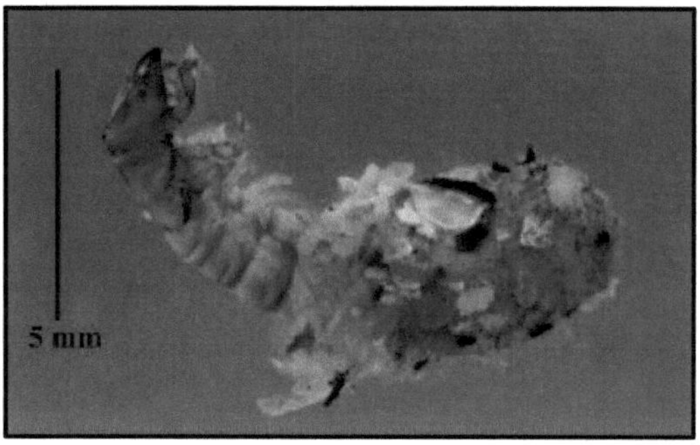

Fig. 64. *Macrostemum* sp. (L)

Diagnóstico:

Larva relativamente grande, até 19 mm; cor castanha-acinzentada com zonas esclerotizadas de cor castanha escura. Fronto-clípeo da cabeça largo, em forma de escudo. A região parietal da cabeça é fortemente esclerotizada, além disso, a área dorsal é coberta por longos pêlos pretos, sem antenas. Olhos minúsculos, posicionados anteriormente, com uma cutícula não esclerotizada que os envolve. Aparelhos bucais grandes e bem desenvolvidos; labrum largo com um par de escleritos discretos na sua base. Mandíbulas grandes, volumosas, fortemente esclerotizadas e assimétricas. Cada mandíbula é sulcada medialmente e possui lateralmente cinco longos pêlos negros. Nota torácica fortemente esclerotizada. Todas as notas torácicas possuem pequenos pêlos negros e cada secção do tórax possui duas cerdas dorsais. O maior par de patas é o das patas anteriores, que apresentam um processo visível na base do fémur e uma densa franja de cerdas no tarso e na tíbia. Abdómen com nove segmentos, carnudo, grande, com tufos de brânquias finamente ramificadas, não esclerotizado e revestido de pêlos pretos curtos; segmento nove com placa esclerotizada ventral e secção fundida dos apêndices anais com pequena placa esclerotizada dorsal e ventral.

Observações:

De acordo com (Wiggins, 1996a), a cabeça gorda com a carina em forma de U, os dois escleritos distintos na base do labrum, a densa franja de cerdas na tíbia anterior e no tarso, e o processo conspícuo na base do fémur são caraterísticas que distinguem as larvas de *Macrostemum* das de outros géneros da família Hydropsychidae. Além disso, os segmentos abdominais têm apenas cerdas semelhantes a pêlos e não têm pêlos de escamas.

Habitat e distribuição:

Os caddisflies hidropsicídeos distribuem-se em águas correntes, desde pequenas nascentes a grandes rios. Utilizando os tubos de retirada e as redes de seda, estas larvas podem recolher detritos da água. Encontram-se geralmente em zonas de substrato de calhau ou de rocha, onde podem fixar as suas redes. As larvas do género *Macrostemum* encontram-se em todos os continentes, exceto na Europa.

Neste estudo, as larvas do género *Macrostemum* foram registadas em cinco estações: Esna, Naga Hammadi, Sohag, Asyut e El-Qanatir Al-Khayriyyah. A maior abundância foi observada na última estação, especificamente no microhabitat de riachos lóticos de movimento lento.

Família: Hydropsychidae

Género: *Potamyia* Kimmins, 1950

52. *Potamyia* sp. (L) (Fig. 65)

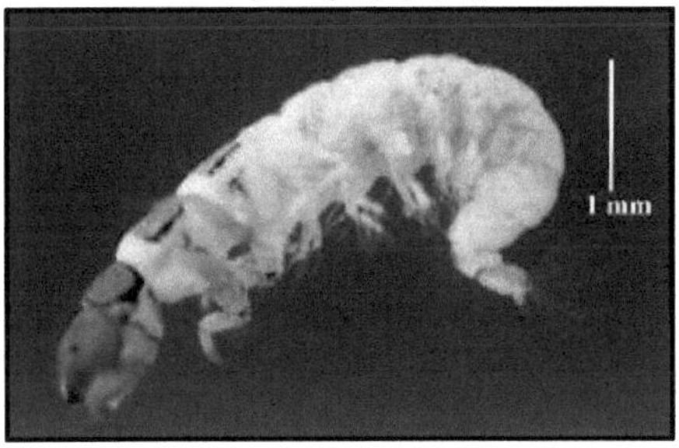

Fig. 65. *Potamyia* sp. (L)

Diagnóstico:

Larvas com até 14,5 mm de comprimento, de aspeto castanho-amarelado claro, com caraterísticas distintivas mínimas na cabeça e no tórax. Todas as mandíbulas apresentam um rebordo lateral proeminente. A cabeça tem uma protuberância anteromediana visível e um apótomo ventral anterior. Larvas com o trocânter anterior dividido. Dorsalmente, os segmentos abdominais têm cerdas semelhantes a pêlos e, lateralmente, existem alguns pequenos pêlos de escamas clavadas.

Observações:

Em geral, as larvas de *Potamyia* são análogas às de outros Hydropsychinae. Embora o trocânter anterior bifurcado da larva possa permitir a confusão com o género *Cheumatopsyche*, outros caracteres na chave devem discriminar eficazmente os dois géneros (Wiggins,1996a).

Habitat e distribuição:

Os grandes rios, bastante quentes e com correntes mais lentas, são o habitat das larvas *de Potamyia* (Wiggins, 1996a). No alto rio Mississipi, onde as maiores concentrações de redes de larvas se encontravam sobre rochas em sedimentos de fundo arenoso e sem sedimentos, Fremling (1960) estudou a biologia de *P. flava*. A China registou espécies representativas de *Potamyia* (ver Martynov, 1930; Schmid, 965).

Neste estudo, as larvas do género *Potamyia* foram registadas em três estações: Naga Hammadi, Beni Suef e El-Qanatir Al-Khayriyyah, com a maior abundância observada na última estação. É interessante notar que a caraterística dominante do sedimento na estação de El-Qanatir Al-Khayriyyah é o solo argiloso preto, o que pode contradizer as conclusões de Fremling (1960) no alto rio Mississippi.

Família: Hydropsychidae
Género: *Hydropsyche* Pictet 1834

53. *Hydropsyche* sp. (P) (Fig. 66)

Diagnóstico:

Pupa longa (10-12 mm). Embora o abdómen pupal contenha brânquias laterais em vez de uma franja lateral de cerdas, as mandíbulas têm um ponto apical pronunciado e vários dentes subapicais conspícuos; o dorso do abdómen pupal de *Hydropsyche* é caracterizado por: o segmento I é razoavelmente peludo sem uma crista espinhosa; os segmentos II a VIII (ou III a VIII em algumas espécies) têm placas de gancho emparelhadas, com alguns segmentos com um par anterior e um posterior. O dorso do segmento III tem dois pares de placas de gancho, o primeiro é uma placa anterior ovoide a redonda, enquanto o segundo é uma placa posterior oval alongada.

Fig. 66. *Hydropsyche* sp. (P)

Observações:

As pupas do género *Hydropsyche* podem ser distinguidas do género similar *Cheumatopsyche* pela observação do dorso do segmento abdominal III (i.e., forma das 3 placas posteriores do gancho), que em *Cheumatopsyche* são ovóides a redondas, e em *Hydropsyche* são ovais alongadas (Ross, 1944).

Habitat e distribuição:

As pupas de hidropsicídeos são mais comuns na parte inferior das grandes rochas e nas pedras e cascalho subjacentes do que nas superfícies superiores dos substratos dos cursos de água, onde as larvas são mais comuns (Rutherford, 1985).

Um dos maiores géneros da ordem Trichoptera é *Hydropsyche* Pictet. Foram descritas mais de 250 espécies, com exceção da América do Sul. Quase todas as espécies necessitam de água corrente (águas lóticas) para sobreviver; algumas habitam em grandes rios, enquanto outras apenas se encontram em pequenos riachos (Mey, 2003).

Neste estudo, as pupas do género *Hydropsychid* foram registadas em quatro estações: Esna, Naga Hammadi, Asyut e El-Qanatir Al-Khayriyyah. A maior abundância foi observada na última estação, El-Qanatir Al-Khayriyyah, especificamente no microhabitat de riachos lóticos de movimento lento caracterizados por substratos moles enriquecidos com matéria orgânica.

Família: Diplectroninae

Género: *Diplectrona* Walker, 1852

54. *Diplectrona* sp. (L) (Fig. 67)

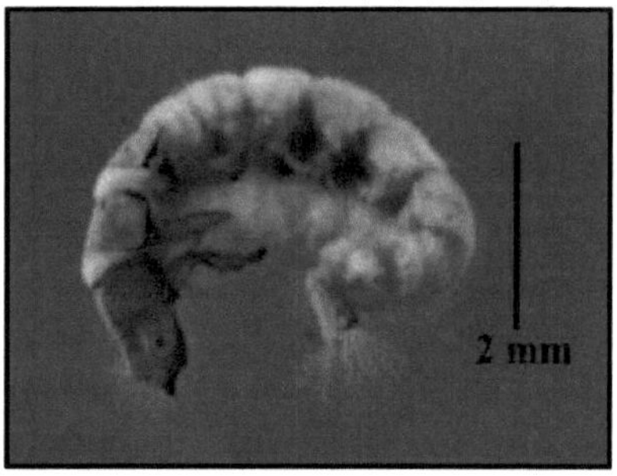

Fig. 67. *Diplectrona* sp. (L)

Diagnóstico:

Comprimento da larva até 15 mm, com apótomo ventral posterior bem desenvolvido, com pelo menos metade do comprimento da linha ecdisial mediana da cabeça. A cabeça e o tórax têm escleritos castanho-avermelhados. Cabeça desta larva com ângulos laterais largos perto do comprimento médio do frontoclípeo, e com uma convexidade comum ou um entalhe proeminente na borda anterior do apótomo frontoclípeo. O sulco transversal está ausente no pronoto. As larvas apresentam escamas alongadas nos segmentos abdominais.

Observações:

As larvas deste género podem ser distinguidas dos outros géneros de diplectronineos em que o sulco se encontra no pronoto (Wiggins, 1996a).

Habitat e distribuição:

Wiggins (1996a) indicou que as larvas do género *Diplectrona* vivem nas porções lóticas de rios pequenos e frescos. Podem ser encontradas no musgo de rochas submersas e em pacotes de folhas (Mackay, 1968); alimentam-se principalmente de detritos finos e de material animal (Ross e Wallace, 1983). Este género está distribuído em muitas regiões, mas geralmente ausente de zonas quentes como a África tropical ou a América do Sul (Wiggins, 1996a). Sattler (1963) refere que, embora a rede de captura e de retirada do Diplectrona felix McL europeu seja quase totalmente composta por materiais vegetais, falta-lhe uma quantidade significativa de areia.

No presente estudo, foram registados pequenos números de larvas do género *Diplectrona* em três estações: Asyut, Helwan e El-Qanatir Al-Khayriyyah. A maior abundância foi observada na última estação, El-Qanatir Al-Khayriyyah, caracterizada por substratos moles enriquecidos com matéria orgânica.

Agradecimentos

Os autores gostariam de agradecer aos investigadores que contribuíram para a identificação de alguns taxa. A identificação da classe Hirudinea foi verificada e confirmada pelo Prof. Naser A. El-Shimy, Departamento de Zoologia, Universidade de Asyut, Egito. Por outro lado, a identificação dos estádios aquáticos dos insectos foi verificada no Departamento de Entomologia da Universidade do Cairo, Egito.

Referências

Abd El-Wakeil, K.F.; Obuid-Allah, A. H.; Mohamed, A.H.; Abd El-Aziz, F.A. (2014). Uma comparação das comunidades de moluscos em uma seção do rio Nilo em Assiut, Egito, com diferentes poluições químicas e térmicas. *Pesquisa de moluscos.*

Abd El-Wakeil, K.F.; Obuid-Allah, A. H.; Mohamed, A.H.; Abd El-Aziz, F.A. (2013). Estrutura da comunidade de moluscos no rio Nilo e seus ramos na província de Assiut, Egito. *Jornal Egípcio de Pesquisa Aquática*, 39: 193-198.

Abdel Gawad, S. S. (2001). Estudos sobre invertebrados bentónicos do rio Nilo na região de Helwan. Tese de Doutoramento, Faculdade de Ciências, Universidade de Mansoura, 138 pp.

Abdel Gawad, S. S. (2009). O molusco gastrópode *Lanistes carinatus* (Olivier, 1804) como biomonitor de alguns metais vestigiais no rio Nilo. Int. J. Zool. Res. 5(3), 115-125.

Abdel Gawad, S. S. (2019). Usando macroinvertebrados bentônicos como indicadores para avaliar a qualidade da água no rio Nilo, Egito. *Jornal Egípcio de Ciências Básicas e Aplicadas*. https://doi.org/10.1080/2314808X.2019.1700340.

Abdel Gawad, S.S. e Abdel Mola, H.R. (2014). Invertebrados macrobentónicos no canal principal do Lago Nasser, Egito. *Jornal Egípcio de Pesquisa Aquática*, 40 (4): 405-414.

Abdel Malek, S.A. (1972). Alimentação e hábitos alimentares de alguns peixes egípcios no lago Qarun. Boletim do Instituto de Oceanografia e Pescas 2, 241-250.

Abdel Mola, H.R. e Abdel Gawad, S.S. (2014). Variações espaço-temporais da fauna macrobêntica no Lago Nasser khors, Egito. *Jornal Egípcio de Pesquisa Aquática*, 40 (4): 415-423.

Abdel Wahab, H. M.; Iskaros, I. A.; Fishar, M. R.; Mohamed, N. E. (2018). Estudos ecológicos sobre invertebrados macrobentônicos em quatro Khors do norte do Lago Nasser (Egito); Estrutura da Comunidade, Abundância Relativa e Diversidade. *Jornal Egípcio de Biologia Aquática e Pescas*, 22(3): 111- 124.

Abdel-Hafez, S. & Ismail, N. (1983). Estágios larvais de trematódeos digenéticos de caracóis *Theodoxus jordani* (Sowerby 1836) do rio Yarmouk, Jordânia. Zeitschrift für Parasitenkunde, 69, 789-796. https://doi.org/10.1007/BF00927428

Abdel-Halim, A.M. (1993). Estudos sobre as alterações físico-químicas do rio Nilo na região de Isna a El-Kanater El-Khyria, Egito. Tese de Mestrado Fac. Of Sci., Alex. Univ. 182 pp.

Abdelmordy, M. B., Sleem, S.H., e Tantawi, T.A. (1997). Polimorfismo isoenzimático de esterases no género *Lanistes* (Mollusca: Prosobranchiata) e análise genética de populações. Biochem. Genet., 35(3/4): 77-89.

Abdelsalam, Kh. M. (1995). Estudos ecológicos sobre invertebrados macrobentónicos no rio Nilo. Tese de Mestrado, Alex. Univ., 98 pp.

Adler, P.H. e Foottit, R.G. (2017). Introdução. Em *Insect Biodiversity: Science and Society*, 2nd ed.; Footitt, R.G., Adler, P.H., Eds.; John Wiley & Sons: Hoboken, NJ, EUA; Volume 1, pp. 1-7, ISBN 9781118945537.

Alexandrowicz, S. W. (2003). *Planorbella duryi* (Wetherby, 1879) do lago da cratera de Albano (Itália Central). Folia Malacologica, 11: 89-93.

Al-Safadi, M. M. e El-Shimy, N.A. (1993): Leeches de água doce do Iémen. Hydrobiologia, 263:185-193, Ghent.

Andersen, N. M. (1982). Os insectos semiaquáticos (Hemiptera, Gerromorpha). Filogenia, adaptações, biogeografia e classificação. - Entomonograph, 3: 455 pp.

Anon (1979). Estudos sobre a qualidade da água do rio Nilo e do lago Nasser. Estudos sobre o lago. I Plâncton, II Fauna de fundo, III Plantas aquáticas e das margens. Relatório para o Egito. Acad. Sci. Res. & Tech. e Univ. of Michigan.

Armitage, P.; Cranston, P.S.; Pinder, L.C.V. (1995). The Chironomidae, Biology and ecology of non-biting midges. Springer Science+Business Media, 572 pp.

Artois, T.; Willems, W.; De Roeck, E.; Jocqué, M.; Brendonck, L. (2004). Rhabdocoela de água doce (Platyhelminthes) de piscinas rochosas efémeras do Botswana, com a descrição de quatro novas espécies e um novo género. *Zoological Science*, 21: 1063-1072.

Assal, F., Sabet, S., Varjabedian, K., e Fol, M. (2014). Poluição de espécies *de Coelatura* de água doce (Mollusca: Bivalvia: Unionidae) com metais pesados e seu impacto no ecossistema do rio Nilo no Egito. International Journal of Waste Resources, 4, 1-11. https://doi.org/10.4172/2252-5211.1000163.

Audouin, V. (1828). Explication sommaire des planches de Mollusques de l'Egypte et de la Syrie publiées par J.C. Savigny. in: Description de l'Egypte ou recueil des observations et des recherches qui ont été faites en Egypte pendant l'expédition de l'armée française, publié par les ordres de sa majesté l'empereur Napoléon le grand. 2ème édition, dédiée au roi. Histoire Naturelle, Animaux invertébrés 22: 117-212. Paris: Panckouke. [1827 na página de rosto não é exato]. página(s): 166.

Bacci, G. (1951/52). Elementi per una malacofauna dell'Abissina Y della Somalia, Ann. Mus. Stor. Nat. Genova, 60:1-144.

Badawy, R.M.; El Hoseny, I.; Talal, M. (2013). Biodiversidade e flutuação sazonal de insetos aquáticos e semiaquáticos no riacho Rashid, kafr El Zayat (governadoria de Gharbyia). *Egito. Acad. J. Biolog. Sci.*, 6(1): 47-66.

Bae, Y. J. (1997). A historical review of Ephemeroptera systematics in Northeast Asia, pp. 405-417. *Em* Landolt, P. e Sartori, M. (eds.), Ephemeroptera & Plecoptera: Biology- Ecology-Systematics. Mauron +Tinguely & Lachat SA, Friburgo, Suíça.

Banks, N. (1907). Descrições de novos Trichoptera. Actas da Sociedade Entomológica de Washington 8: 117-132, placas 8-9.

Barnard, P. C. e Clark, F. (1986). The Larval Morphology and Ecology of a New Species of Ecnomus from Lake Naivasha, Kenya (Trichoptera: Ecnomidae). Aquatic Insects, 8 (3): 175-183.

Basu, S. e Subramanian, K. A. (2017). Insecta: Hemiptera (Insectos aquáticos) (Capítulo 23), pp. 357-378. *Em*: Chandra, K., Gopi, K.C. Rao, D.V., Valarmathi K. & Alfrad, J.R.B. (eds.). Current Status of Freshwater Faunal Diversity in India (Situação atual da diversidade da fauna de água doce na Índia). Publicado por Zoological Survey of India, Kolkata.

Bauernfeind E. e Soldán T. 2012. As moscas da Europa (Ephemeroptera). Apollo Books, Ollerup. https://doi.org/10.1163/9789004260887

Beddard, F. E. (1892). Um novo Oligochaeta branquiado, *Branchiura sowerbyi*. *Quart. J. micr. Sci.*, 33: 325-341.

Bell, J.D., Burchmore, J.J., Pollard, D.A. (1978). Ecologia alimentar de um peixe Scorpaenid, o fortescue Centropogon australis, de um hábito de erva marinha Posidonia em New South Wales. Australian Journal of Marine and Freshwater Research 29 (2), 175-185. https://doi.org/10.1071/MF9780175.

Boucard, R. W. Jr. (2009). Guide to Aquatic Invertebrate Families of Mongolia Identification Manual for Students, Citizen Monitors, and Aquatic Resource Professionals, University of Minnesota, St. Paul, MN. 212 pp.

Bourguignat, J. (1883). Histoire Malacologique de l'Abyssinie. Ann. Sci. Nat. 15: 47-162.

Brinkhurst, R. O. (1971). A Guide for the Identification of British Aquatic Oligochaeta. *Associação Biológica de Água Doce*, Nº 22, 55 pp.

Brinkhurst, R. O. e Jamieson, B. (1971). Aquatic Oligochaeta of the World. Oliver and Boyd, Edimburgo. Xi, 860 pp.

Bromley, H.J. (1994) The freshwater leeches (Annelida, Hirudinea) of Israel and adjacent areas, Israel Journal of Zoology, 40:1, 1-24. http://dx.doi.org/10.1080/00212210.1994.10688731

Brown, D. S. (1994). Os caracóis de água doce de África e a sua importância médica. Segunda edição. Taylor & Francis, Londres, x + 608 + [1] pp.

Brown, D. S. (2005). Freshwater Snails of Africa and their Medical Importance (Caracóis de água doce de África e a sua importância médica). Editora Taylor & Francis, Segunda Edição. 673 pp.

Budde-Lund, G. (1885). Crustacea Isopoda terrestria, per familias et genera et species descripta. 319 pp. Copenhaga.

Burks, B.D. (1953). The mayflies or Ephemeroptera of Illinois. *Bull. Ill. Nat. Hist. Surv.* 26(1):1-216, 395 figs.

Cailliaud F. (1823-1827). Voyage à Méroé, au fleuve Blanc: au-delà de Fâzoql dans le midi du royaume de Sennâr, à Syouah et dans cinq autres oasis, fait dans les années 1819, 1820, 1821 et 1822. 4 vol. texto + 2 vol. placas. Paris, publicado pelo autor.

Chen, P. P.; Nieser, N.; Zettel, H. (2005). Os insectos aquáticos e semi-aquáticos (Heteroptera: Nepomorpha & Gerromorpha) da Malésia. - Fauna Malesiana Handbooks 5, Brill, Leiden - Boston, 546 pp.

Chevallier, H. (1969). Mollusques subfossiles récoltés par M. Henri Lhote dans le Sud Oranais et la Sahara. Bull. Mus. Nat. Hist. Paris, 41: 266-294.

Claparède, Edouard. R. (1862). Recherches anatomiques sur les Oligochetes. *Mémoires de la Société de physique et d'histoire naturelle de Geneve.* 16: 217-291, placas 1-4.

Clark, F. (1992). Estudo de uma população de Micronecta scutellaris Stal (Hemiptera: Corixidae) no Lago Naivasha, Quénia. Hydrobiologia, 248, 115-124. https://doi.org/10.1007/BF00006079.

Cobb, N. A. (1914). Os nemátodos de água doce de vida livre da América do Norte. Contribuições para uma ciência da hematologia. *Transactions of the American Microscopical Society*, 33:69-134.

Coffman, W. P. (1983). Thoracic chaetotaxy of chironomid pupae (Diptera: Chironomidae). *Memórias da Sociedade Entomológica Americana*, 34: 61-70.

Coll, M. e Ruberson, J. R. (1998) editores. Predatory Heteroptera: their ecology and use in biological control. Thomas Say Publications in Entomology, Entomological Society of America, Lanham, Maryland, EUA.

Conrad, T. A. (1853). A synopsis of the family of Naiades of North America, with notes, and a table of some of the genera and sub-genera of the family, according to their geographical distribution, and descriptions of genera and sub-genera. *Actas da Academia de Ciências Naturais de Filadélfia.* 6(7): 243-269.

Covich, A., Palmer, M., Crowl, T. (1999). O Papel das Espécies de Invertebrados Bentónicos nos Ecossistemas de Água Doce: As espécies zoobentónicas influenciam os fluxos de energia e o ciclo de nutrientes. BioScience, 49, 119-127. https://doi.org/10.2307/1313537.

Cranston, P. S. (2019). Guia de identificação de géneros de larvas aquáticas de Chironomidae (Diptera) da Austrália e Nova Zelândia. *Zootaxa*, 4706 (1): 071-102.

Damme, D.V. e Bocxlaer, B. V. (2009). Moluscos de água doce da bacia do Nilo, passado e presente. *In*: The Nile Origin, Environments, Limnology and Human Use (editado por Dumont, H.J.), Springer Science + Business Media B.V, pp. 585-630.

Davies, R. W.; McLoughlin, N.J.; Oosthuizen, J.H. (1997) The life-cycle and feeding of the African freshwater leech *Helobdella conifer* (Glossiphoniidae), *South African Journal of Zoology*, 32:1, 1-4.

Dazo, B.C., Hairston, N.G. e Dawood, I.K. (1966). The ecology of *Bulinus truncatus* and *Biomphalaria alexandrina* and its implications for the control of bilharziasis in the Egypt-49 Project area. *Boletim da Organização Mundial de Saúde,* 35:339-356.

DBL (1973). Afield guide to African freshwater snails. 2. Espécies da África Oriental. Centro de Identificação de Caracóis da OMS, Danish Bilharziasis Laboratory, Charlottenlund. Dinamarca: 1-51.

Dejoux, C., Lauzanne, L., e Lévèque, C. (1971). Prospeção hidrobiológica do lago de Léré (T chad) e dos mares vizinhos, 4. Fauna bentónica. Cah. Off. Rech. Sci. Tech. Outre-Mer, Sér.Hydrobiol. 5: 179-188.

Deserti, M. I.; Esquius, K.S.; Escalante, A. H.; Acuña, F. (2017). Ecologia trófica e dieta de *Hydra vulgaris* (Cnidaria; Hydrozoa). *Biologia Animal*, 67: 287-300.

Dijkstra, K.-D. B (editor). African Dragonflies and Damselflies Online. http://addo.adu.org.za [2024-02-05].

Doumenge, J.P., Mott, K.E., Cheung, C, Villenave, D. *et al.* (1987). Atlas da Distribuição Global da Esquistossomose. Talence e Genebra: Organização Mundial de Saúde.

Draparnaud, J.-P.-R. (1805). Histoire naturelle des mollusques terrestres et fluviatiles de la France. 2 pp. (Avertissement a sa Majesté l'Impératrice), 2 pp. (Avertissement a sa Majesté l'Impératrice), 2 pp. (Avertissement a sa Majesté l'Impératrice). Rapport, i-viii (Préface), 1-164, pl. 1-13, 1 p. Errata. [< 22 de setembro]. Paris (Levrault & Schoell), página(s): 55.

Dudgeon, D. (1999). Riachos tropicais asiáticos: Zoobenthos, Ecology and Conservation. Hong Kong University Press, 844 pp.

Dufour, L. (1863). Essai monographique sur les Bélostomides. Annales de la Société Entomologique de France, Ser. 4 (3): 373-400.

Dugeon, D. (1999). Riachos tropicais asiáticos: Zoobentos, ecologia e conservação. Hong Kong University Press, Hong Kong, 830 pp.

Eaton, A.E. (1881-1883). Uma monografia de revisão de Ephemeridae ou efemérides recentes. Trans. Linn. Soc. Lond.; Sec. Ser.; Zool. 3:1-352, 65 pls.

Edmunds, G.F. Jr.; Berner, L.; Traver, J.R. (1958). Mayflies norte-americanos da família Oligoneuriidae. *Ann. Entomol. Soc.* Amer., 51 :375-382.

Ehrenberg C.G. (1828-1831). Animalia evertebrata exclusis Insectis. Série prima. In: F.G. Hemprich & C.G. Ehrenberg, Symbolae physicae, seu icones et descriptiones Mammalium, Avium, Insectorum et animalia evertebra, quae ex itinere per Africam borealem et Asiam occidentalem studio nova aut illustrata redierunt. 126 pp. (1831), 10 pls (1828), página(s): № 3, p. 18.

El Rayah, E. A. e Gobara, N. (2001). On the dragonfly fauna of Khartoum with particular emphasis on larval forms. Zoologia de ambientes desérticos. Publicações Científicas Ishwar Prakash. 239-261.

El Shabrawy G.M. (1993). Estudos sobre os invertebrados na depressão de Wadi El-Rayan. Tese de Mestrado, Faculdade de Ciências, Universidade de Zagazig, 183 pp.

El-Khayat, H. M. M.; Mahmoud, K. M. A.; Sayed, S. S. M. (2017). Distribuição e abundância sazonal de caracóis de água doce em alguns cursos de água egípcios. *Jornal da Sociedade Egípcia de Parasitologia*, 47(3): 541 - 548.

Elliott, J.M.; Humpesch, U. H.; Macan, T.T. (1988). Larvae of the British Ephemeroptera - A key with ecological notes. Publicação científica da Associação Biológica de Água Doce, 49: 145 pp.

El-Shabrawy, G. M. e Fishar, M. R. (2009). O Bentos do Nilo. *In*: The Nile Origin, Environments, Limnology and Human Use (editado por Dumont, H.J.), Springer Science + Business Media B.V, pp. 563- 684.

El-Shabrawy, G.M. e Goher, M.E. (2011). Limnologia dos lagos do Delta do Nilo. *In*: Schmidt, P.E., River Deltas Types Structures & Ecology, Nova Science Publishers, pp.35-52.

El-Sherif, S. I., Isa, A. L. e Lutfallah, A. F. (1976). Levantamento de insectos aquáticos em viveiros e campos de arroz. Agr. Res. Rev. 54(l): 93-98.

El-Shimy N.A. e Davies, R.W. (1991). The life-cycle, ecology and host specificity of the freshwater leech *Alboglossiphonia polypompholyx* (Glossiphoniidae) in Egypt. Hydrobiologia, 222:173-8.

El-Shimy, N.A. e Hamada, M. (1990). Estudos sobre o controlo biológico de caracóis Bilharzia por sanguessugas no Egito. Bull. Fac. Sci., Assiut Univ. 19: 151-158.

El-Shimy, N.A. e Obuid-Allah, A. H. (1992). Estudo de alguns invertebrados de água doce no Nilo em Assiut, Egito. J. Egypt. German Soc. Zool., 7(B): 363-376.

El-Shimy, N.A. (1987). Estudos ecológicos e biológicos sobre Hirudinea de água doce. Tese de doutoramento, Universidade de Assiut, pp. 224.

El-Shimy, N.A. (1990). Lista de verificação das sanguessugas de água doce (Hirudinea) no Egito. BulL Fac. Sci., Assiut Univ. 19: 1- 14.

Englmaier, G. K.; Hayes, D. S.; Meulenbroek, P.; Terefe, Y.; Lakew, A.; Tesfaye, G.; Waidbacher, H.; Malicky, H.; Wubie, A.; Leitner, P.; Graf, W. (2020). Zonação longitudinal do rio nos trópicos: exemplos de peixes e caddisflies do rio Awash endorreico, Etiópia. *Hydrobiologia*, 847:4063-4090.

Estévez, A.L. e Ribeiro, J.R.I. (2011). Weberiella De Carlo, 1966 (Insecta: Heteroptera: Belostomatidae) revisitada: Redescrição com uma chave para os géneros de Belostomatidae e considerações sobre o comportamento de back-brooding. Zoologischer Anzeiger - A Journal of Comparative Zoology, 50 (1): 46-54.

Farag, F.M. (1981). Studies on macrobenthos along the Mediterranean coast west of Alexandria. Tese de Mestrado, Faculdade de Ciências, Universidade de Mansoura, 136 pp.

Fischer-Piette, E. (1949). Mollusques terrestres et fluviatiles récoltés par Th. Monod dans le Sahara occidental. J. Conch., Paris, 89: 231-239.

Fishar, M. R. A. (1992). Estudos sobre invertebrados de fundo no lago Qarun, Egito. Tese de Mestrado, Fac. of Sc., Benha Univ., 177 pp.

Fishar, M. R. A. (1995). Estudos sobre a fauna de fundo do lago Nasser, Egito. Tese de Doutoramento, Fac. of Sci., Suez Canal Univ., 267 pp.

Fishar, M. e Williams, W. (2006). A Feasibility Study to Monitor the Macroinvertebrate Diversity of the River Nile Using Three Sampling Methods (Um Estudo de Viabilidade para Monitorizar a Diversidade de Macroinvertebrados do Rio Nilo Utilizando Três Métodos de

Amostragem). Hydrobiologia, 556, 137-147. https://doi.org/10.1007/s10750-005-1262-6.

Fol, M. (2018). Biologia produtiva do mexilhão de água doce, Nitia *teretiuscula* (Philippi, 1847) (Bivalvia: Unionidae) do rio Nilo no Egito. Egyptian Journal of Zoology, https://doi.org/10.12816/EJZ.2018.26970.

Fremling, C.R. (1960). Biology and possible control of nuisance caddisflies of the upper Mississippi River. Universidade de Ciência e Tecnologia do Estado do Iowa, Boletim de Investigação 483: 856-79.

Gabal, M. N. A. (2007). Morfologia e polimorfismo de *Corbicula fluminea* (Müller, 1774) (Mollusca: Bivalvia: Corbiculidae) do rio Nilo, Egito. Egito. J. Aquat. Biol. & Fish., 11 (4):1 - 11.

Gardner, E.W. (1932). Alguns Mollusca lacustres da depressão de Fayoum. Um estudo de variação. Mem. Inst. Egypte, 18: 1-123.

Gieysztor, M. (1938). Systematisch-anatomische Untersuchungen an Turbellarien Polens. *Zoologica Poloniae.* 3: 215-248. Com 3 placas.

Gordon, I. (1930) African freshwater prawns of the species *Caridina nilotica* (Roux) with special reference to Nile Basin. *Actas da Sociedade Zoológica de Londres*, 1930, 33-50.

Gouda, H. A. (2010). Uma nova espécie de *Alboglossiphonia* (Hirudinea: Glossiphoniidae) do Egito: Descrição e dados sobre a história de vida. Zootaxa, 2361: 46-56.

Grant, P.M., 2001. Mayflies as food. In: Dominguez, E. (Ed.), Trends in Research in Ephemeroptera and Plecoptera. Kluwer Academic/Plenum Publishers, Nova Iorque, pp. 107-124.

Haas, F. (1969). Superfamilie Unionacea. Das Tierreich Berlin, 88: 1-663.

Haldeman S.S. (1841-1845). A monograph of the freshwater univalve mollusca of the United States: including notices of species in other parts of North America. *Filadélfia*, página(s): 6: 14.

Hart, R. C. (1980). Duração embrionária e taxas de crescimento pós-embrionário do camarão tropical de água doce *Caridina nilotica* (Decapoda: Atyidae) em condições laboratoriais e experimentais de campo. Freshw. Biol., 10: 297-315.

Hashem, M.T., Wassef, E., e Falttes, S. (1982). Alimentação e hábito alimentar das sardinhas e o seu efeito no estado dos peixes capturados por diferentes métodos de pesca. Bull. Inst. Oceanogr. & Fish. A.R.E. 8(2):229-238.

Hawking, J.H. e Smith, F.J. (1997). Color guide to invertebrates of Australian inland waters. Guia de Identificação n.º 8, Centro de Investigação Cooperativa para a Ecologia de Água Doce: Albury.

Hodda, M.; Ocaña, A.; Traunspurger, W. (2006). Nemátodos de Habitats Extremos de Água Doce. *In*: Eyualem-Abebe, Andrássy, I., and Traunspurger, W. (Eds.) Freshwater Nematodes: Ecology and Taxonomy. CABI Publishing, pp. 179-210.

Hornbach, D., McLeod, M., Guttman, S. (1980). Sobre a validade do género *Musculium* (Bivalvia: Sphaeriidae): Electrophoretic evidence. Canadian Journal of Zoology, 58: 1703-1707. https://doi.org/10.1139/Z80-233.

Hussein, M. A. e El-Shimy, N. A. (1982). Descrição de *Barbronia assiuti* n. sp. (Hirudinea) de Assiut, Egito. *Hydrobiologia*, 94 (1):17-24.

Hussein, M. A. e Obuid-Allah, A.H. (1989). Desenvolvimento larvar do camarão de água doce *Caridina nilotica nilotica* no Egito. *Zool. in the Middle East*, 3: 113-128.

Hussein, M. A. e Obuid-Allah, A. H. (1990). External morphology of the freshwater prawn *Caridina africana* collected from Egypt, Zoology in the Middle East, 4:1, 71-84.

Hussein, M. A. e Obuid-Allah, A.H. (1992a). Estudos anatómicos sobre os sistemas reprodutor e digestivo do camarão de água doce *Caridina nilotica nilotica* recolhido no Egito. *Journ. Egyptian German Soc. Zool*, (Invertebrates & Parasitology) 9: 53-71.

Hussein, M. A. e Obuid-Allah, A.H. (1992b). Redescrição do camarão de água doce *Caridina nilotica nilotica* (Crustacea, Decapoda, Atyidae) recolhido no Egito. I. Caraterísticas externas. Journ. Egyptian German Soc. Zool, (Invertebrates & Parasitology) 9: 121-142.

Hussein, M. A. e Obuid-Allah, A.H. (1992c). Redescrição do camarão de água doce *Caridina nilotica nilotica* (Crustacea, Decapoda, Atyidae) recolhido no Egito. II. Apêndices. Journ. Egyptian German Soc. Zool, (Invertebrates & Parasitology) 9: 203-222.

Hussein, M. A.; Obuid-Allah, A. H.; Mahmoud, A. A.; Fangary, H. M. (2011). Dinâmica populacional de caracóis de água doce (Mollusca: Gastropoda) em Qena Governorate, Alto Egito. Egito. Acad. J. Biolog. Sci., 3(1): 11 -22.

Ibrahim, A. M. e Ahmed, A. K. (2019). Fauna de cercarias de trematódeos obtida dos caracóis de água doce *Lymnaea natalensis* coletados em campo no Egito. Boletim do Centro Nacional de Pesquisa, 43:86.

Ibrahim, A. M.; Bishai, H. M.; Kaslil, M.T. (1999). Fresh Water Molluscs of Egypt. Publicações da Unidade Nacional de Biodiversidade, n.º 10.

Ibrahim, E.A.e Mageed, A.A. (2005). Projeto de Estudo da Distribuição de Algas e Plantas Aquáticas no Lago Nasser. Relatório final. Instituto Nacional de Oceanografia e Pescas, Cairo.

Ibrahim, Sh. M.; El Saied, H.E.; El Mordy, M. A.; Khalil, M. T.; El Shabrawy, G. M.; Bindary, R. E. (2018). Caracterizações ecológicas e taxonômicas de algumas espécies de moluscos em canais irrigados do Nilo, (Rayahs), Egito. *Egyptian Journal of Aquatic Biology & Fisheries*, 22(4): 111- 124.

Int Panis, L.; Bervoets, L.; Verheyen, R.F. (1995). A distribuição espacial de *Caenis horaria* (L. 1758) (Caenidae, Ephemeroptera) numa lagoa em Niel (Bélgica). Bull. Annls Soc. R. belge Ent., 131: 47-51.

Iredale, T. (1943). A basic list of the fresh water Mollusca of Australia. *The Australian Zoologist.* 10(2): 188-230., página(s): 228.

Irvine, K. e Donohue, I. (1999). Revisão do conhecimento taxonómico dos invertebrados bentónicos do Lago Tanganica. Relatório Técnico Número 15. Programa das Nações Unidas para o Desenvolvimento/Facilidade Mundial para o Ambiente (PNUD/GEF) e executado pelo Gabinete das Nações Unidas para os Serviços de Projectos (UNOPS). 38 pp.

Ishak M. M., El Ayoty E., El Sedfy H. M., Shehata M. B., Awwad E.E., Borhan M. A., Ibrahim I. F. (1976). Alguns estudos sobre o ecossistema do rio Nilo. Inst. Oceanogr. & Fish. Acad. de Sci. Res. & Tech. Egito 77 pp.

Iskaros, I. A. (1988). Estudos biológicos sobre a fauna de fundo do lago Nasser e águas adjacentes. Tese de Mestrado, Fac. of Sci., Alex. Univ., 184 pp.

Iskaros, I. A. (1993). Estudos ecológicos sobre a distribuição do zooplâncton e da fauna de fundo em Khor Kalabsha no lago Nasser. Tese de doutoramento, Fac. of Sci., Mansoura Univ., 304 pp.

Iskaros, I.A., Dardir, M. (2010). Factores que afectam a distribuição e abundância da fauna de fundo no Lago Nasser, Egito. Nat. Sci. 8 (7): 95-110.

Itagaki, H. e Yasuraoka, K. (1975). Anatomia de *Bulinus* (*B.*) *truncatus* da zona de Fezzan na Líbia e sua nota ecológica. Jap. J. Malc. (Venus), 34: 33-47.

Jankowski, T., Allen, G.C. e Campbell, R.D. (2008). Global diversity of inland water cnidarians (Diversidade global de cnidários de águas interiores). *Hydrobiologia*, 595: 35-40.

Jickeli, C. F. (1874). Fauna der Land- und Süsswasser-Mollusken Nord-Ost-Afrika's (Die erste Abtheilung der wissenschaftlichen Resultate seiner Reise mit einschliessend). *Nova Ata der Kaiserlichen Leopoldinisch-Carolinischen Deutschen Akademie der Naturforscher.* 37 (1): 1-352, 11 placas. Halle, página(s): 233-235, pl. 7: fig. 29 a-c.

Jickeli, C. F. (1881). Land- und Süsswasser-Conchylien Nordost-Afrikas gesammelt durch J. Piroth. *Jahrbücher der Deutschen Malakozoologischen Gesellschaft.* 8: 336-340. Frankfurt am Main. página(s): 340.

Jickeli, C. F. (1882). Diagnosen neuer Conchylien. *Jahrbücher der Deutschen Malakozoologischen Gesellschaft.* 9: 366-370. página(s): 366.

Johanson, K. A. (2011). The ecnomid caddisflies: generic composition and a male-based generic key, with description of *Caledomina noumea* n. g. et n. sp. from New Caledonia (Trichoptera: Ecnomidae). Ann. soc. entomol. Fr. (n.s.), 47 (3-4): 344-349.

Johansson, Ludwig. (1918). Hirudineen von Neu-Caledonien und den Neuen-Hebriden. *Nova Caledónia. Forschungen in Neu-Caledonien und auf den Loyalty-Inseln. Recherches scientifiques en Nouvelle-Calédonie et aux iles Loyalty. A. Zoologie.* 2: 373-396.

Johnson, P. D., Bogan, A. E., Brown, K. M., Burkhead, M. N., Cordeiro, J. R., Garner, J. T., Hartfield, P. D., Lepitzki, D. A. W., Mackie, G. L., Pip, E., Tarpley, T. A., Tiemann, J. S., Whelan, N. V. e Strong, E. E. (2015). Estado de conservação dos gastrópodes de água doce do Canadá e dos Estados Unidos. Fisheries,38(6): 247-282.

Jousseaume F. (1886). Coquilles du Haut-Sénégal. *Bulletin de la Société Zoologique de France.* 11: 471-502, pls 12-14, página(s): 478.

Kajihara, H.; Chernyshev, A. V.; Sun, S.; Sundberg, P.; Crandall, F. B. (2008). Checklist of nemertean genera and species published between 1995 and 2007. *Species Diversity*, 13: 245-274.

Kaliszewicz, A. (2013) Será que quanto maior for o tamanho, melhor para os predadores que se sentam e esperam? Superioridade competitiva em *Hydra*. *Hydrobiologia*, 714(1): 105-114.

Kennedy, C. R. (1965). A distribuição e o habitat de *Limnodrilus* Claparede (Oligochaeta:Tubificidae. Oikos, 16: 26-38.

Kingsley, J.S., 1883. Carcinological Notes; Number V.- Bulletin of the Essex Institute 14: 105-132, Plates 1-2.

Klemm D.J., Lewis P.A., Fulk F. e Lazorchak J.M. (1990). Macroinvertebrate field and laboratory methods for evaluating the biological integrity of surface waters. U.S. EPA. EPA/600/4-90/030. Gabinete de Investigação e Desenvolvimento, Cincinnati, Ohio. 246 pp.

Klemm, D. J., Lewis, P. A., Fulk, F., e Lazorchak, J. M. (1990). Macroinvertebrate field and laboratory methods for evaluating the biological integrity of surface waters. Em United States Environmental Protection Agency, Office of Research and Development: Vol. EPA/600/4-.

Kolasa J. (1991). Nemerteanos. In: Thorp, J.H. e Covich, A.P. (editores). Ecology and classification of North American freshwater invertebrates, chapter 6, Flatworms: Turbellaria e Nemertea. NY: Academic Press. pp. 164-166.

Kraus, T., Brant, S., Adema, C. (2014). Caracterização de Cercárias de Trematódeos de *Physella acuta* no Médio Rio Grande, Comparative Parasitology 81(1): 105 - 109. https://doi.org/10.1654/4674.1.

Krauss, F. (1848) Die Südafrikanischen Mollusken. Ein Beitrag zur Kenntniss der Mollusken des Kap- und Natallandes und zur Geographischen Verbreitung derselben mit Beschreibung und Abbildung der neuen Arten. Ebner and Seubert, Stuttgart, 140 pp., 6 pls., página(s): 85, pl. V, fig. 15.

Kuhara, H. (2016). Revisão das espécies japonesas do género *Ecnomus* McLachlan (Trichoptera: Ecnomidae), com descrições de duas novas espécies. Zootaxa 4114 (5): -561571. https://doi.org/10.11646/zootaxa.4114.5.2

Kuiper, J. G. J. (1962). Note sur la systématique des pisidies. *Journal de Conchyliologie.* 102(2): 53-57. página(s): 55.

Kuiper, J. G. J. (1964). Contribuição para o conhecimento das espécies sul-africanas do género *Pisidium* (Lamellibranchiata). Annals of the South African Museum, 48: 77-95.

Kumar, A. (1973). Descrições das larvas de último instar de odonata do vale de Dehra Dun (Índia), com notas sobre biologia. I. (subordem zygoptera), Oriental Insects, 7 (1): 83-118.

Küster, H. C. (1852-1853). Die Gattungen Paludina, Hydrocaena und Valvata. In Abbildungen nach der Natur mit Beschreibungen. *Systematisches Conchylien-Cabinet von Martini und Chemnitz, 2. Edition.* Bd 1, Abt. 21: 1(21) (113): 1-24, pls. 1, 2 (1852); (115): 25-56, pls. 3-8 (1852); (119): 57-96, pls. 9-14 (1853). Nürnberg: Bauer & Raspe, página(s): 44, Taf. 9, fig. 10-11.

Lalli, C. M., e Parsons, T. R. (1997). Bentos. Em Biological Oceanography: An Introduction Second Edition. Editora Elsevier, pp. 177- 195. https://doi.org/10.1016/b978-075063384-0/50063-3

Lastochkin, D. A. (1935). LXV.-Two new river Æolosomatidæ (Oligochæta limicola), *Annals and Magazine of Natural History*: Série 10, 15 (90): 636-645.

Leach, W.E. (1815). "Entomology", Brewster's Edinburgh Encyclopaedia, 9, 57-172.

Leloup, E. (1951). Lamellibranches. Explor. Hydrobiol. L. Tanganyika, 3, Fasc. 2:1-153.

Leuven, R. S. E. W.; Van Den Brink, F. W. B.; Van Der Velde, G. (2008). Biometria e fecundidade do camarão de água doce, *Caridina nilotica* (P. ROUX, 1833) (Decapoda, Caridea, Atyidae) no baixo rio Nilo (Egito). *Crustaceana*, 81 (2): 227-239.

Lévèque, C. (1967). Mollusques aquatiques de la zone du Lac Tachad. Bull. Inst. Fod. Afr. Noire, 29: 1494-1533.

Li, W.; Liang, W.; Zhang, X.; Mahamood, M. (2017). Nemátodos do solo de pastagens no norte da China. Academic Press, Elsevier, 242 pp.

Linnaeus, C. (1758). Systema Naturae per regna tria naturae, secundum classes, ordines, genera, species, cum characteribus, differentiis, synonymis, locis. *Editio decima, reformata [10ª edição revista], vol. 1: 824 pp. Laurentius Salvius: Holmiae.*

Linnavuori, R. (1960). Hemiptera de Israel. I. Annales Zoologici Societatis Zoologicae Botanicae Fennicae "Vanamo" 22 (1): 1-71.

Lu, Y.-H.; Wu, C.-C.; Xia, X.-J.; Wang, A.-T. (2013). Duas novas espécies de *Gieysztoria* (Platyhelminthes, Rhabdocoela, Dalyelliidae) de um lago artificial de água doce em Shenzhen, China. *Zootaxa*, 3745 (5): 569-578.

Luther, A. (1955). Die Dalyelliiden (Turbellaria Neorhabdocoela). Eine Monographie. *Ata zool. fenn.*, 87: 1-337.

Maciorowski, A.; Benfield, E.; Hendricks, A. (1977). Composição de espécies, distribuição e abundância de oligochaetes no rio Kanawha, Virgínia Ocidental. *Hydrobiologia*, 54 (1): 81-91.

Mackay, R.J. (1968). Variação sazonal na estrutura das comunidades de insectos dos cursos de água. Tese de mestrado, Universidade McGill.

Malek, E. A. (1958). Distribuição dos hospedeiros intermediários da bilharzíase em relação à hidrografia. Bull. QUE, 18: 691-734.

Mandahl-Barth, G. (1968). Revisão dos Bithyniidae africanos. *Revue de Zoologie et de Botanique Africaine.* 78 (12): 129-160, pl. 2-4. página(s): 148, pl. III, fig. 4.

Mandahi-Barth, G. (1982). Estudos sobre Bivalves de Água Doce Africanos.1. The Unionidae. Danish Bilharziasis Laboratory, Charlottenlund, Dinamarca: 1-33.

Mandhal-Barth, G. (1988). Estudos sobre bivalves africanos de água doce. Danish Bilharziasis Laboratory, Charlottenlund, Dinamarca: 1 -153.

Martynov, A. V. (1930). On the trichopterous fauna of China and eastern Tibet. Actas da Sociedade Zoológica, Londres 1930(5): 65-112.

Megerle von Mühlfeld J.C. (1811). Entwurf eines neuen Systems der Schaltiergehäuse. *Magazin für die neuesten Entdecklungen in der gesammten Naturkunde von der Gesellschaft Naturforschaft Freunde zu Berlin.* 5(1): 38-72, placa 3.

Comissão do Rio Mekong (2006). Identification of Freshwater Invertebrates of the Mekong River and Its Tributaries (Identificação de invertebrados de água doce do rio Mekong e seus afluentes). Universidade de Minnesota, 274 pp.

Merritt, R.W. e Cummins, K.W. (1996) An Introduction to the Aquatic Insects of North America. Kendall/Hunt Publishing Company, Dubuque, 862 pp.

Mey, W. (2003). Insular Radiation of the Genus Hydropsyche (Insecta, Trichoptera: Hydropsychidae) Pictet, 1834 in the Philippines and Its Implications for the Biogeography of Southeast Asia. Journal of Biogeography, 30 (2): 227-236

Milne Edwards, H. (1834-1840). Histoire Naturelle des Crustacés, Comprenant l'Anatomie, la Physiologie et la Classification de ces Animaux. *Encyclopédique Roret, Paris.* Vol. III, 638 pp., placas 1-42.

Milne Edwards, H. (1837). Histoire naturelle naturelle des Crustace's, comprenant l'anatomie, la physiologie et la classification de ces animaux. Paris, Librairie de Roret. 2:1-532.

Mona, M. H; Abdel-Hamid, M.E.; Eissa, S. H.; Shoukr, F. A. e Sharshar, Kh. M. (1992). Estudos microscópicos de luz e electrónicos das fases de desenvolvimento dos nematocistos em *Hydra vulgaris* (Cnidaria, Hydrida). Ain Shams Sci. Bull, 171 - 188.

Moore, J. P. (1933). Resultados científicos da expedição de Cambridge aos lagos da África Oriental, 1930-1.9. Leeches, *J. Linn. Soc., Londres*, Zoologia (259), 38: 297-299.

Moore, J. P. (1939). Additions to our knowledge of African leeches (Hirudinea), *Proceedings of the Academy of Natural Sciences of Philadelphia* 90, pp. 297-360: 355.

Morse, J.C. (2016). Trichoptera World Checklist. Disponível em: http://www.clemson.edu/cafls/departments/esps/database/trichopt/ (acedido em 29 de março de 2016).

Morse, J.C.; Frandsen, P.B.; Graf, W.; Thomas, J.A. (2019). *Revisão* Diversidade e serviços ecossistêmicos de Trichoptera. Insectos, 10, 125.

Moustafa, A., e Hussien, E. (2021). Um novo registro do bivalve de água doce *Pisidium amnicum* (Família: Sphaeriidae) da governadoria de Qena, Alto Egito. Jornal Egípcio de Biologia Aquática e Pesca. https://doi.org/10.21608/ejabf.2021.207404.

Müller O.F. (1781). Geschichte der Perlen-Blasen. *Der Naturforscher.* 15: 1-20.

Müller, O. F. (1773-1774). Vermium terrestrium et fluviatilium, seu animalium infusoriorum, helminthicorum, et testaceorum, non marinorum, succincta historia. Vol. 1, Pars Ima: 1-136 [1773]; Pars Altera: 1-214 + índice 8 pp. [1774]. [1774]. Havniæ (Copenhaga) e Lipsiæ (Leipzig), Heineck & Faber.

Naidu, K. V. (1965). Estudos sobre os Oligochaeta de água doce do Sul da Índia II. Tubificidae. Hydrobiologia, 26: 463-483.

Ndifon, G.T. e Ukoli, F.M. (1989). Ecologia de caracóis de água doce no sudoeste da Nigéria. 1. Distribuição e preferências de habitat. *Hydrobiologia*, 171:231-253.

Needham, J.G. (1901). Odonata. Em Aquatic Insects in the Adirondacks. Bull N. Y. State Mus, 47:381-612.

Negm-Eldin, M., Govedich, F., & Davies, R. (2000). *Helobdella nilae* sp. nov. (Hirudinoidea: Glossiphoniidae), do Delta do Nilo, Egito. Hydrobiologia, 438, 257-259. https://doi.org/10.1023/A:1004129919695.

Nesemann, H. e Neubert, E. (1999). Clitellata: Branchiobdellida, Acanthobdellea, Hirudinea. Spektrum Akademischer Verlag GmbH Heidelberg Berlin, 191 pp.

Novoselsky, T.; Chen, P-P.; Nieser, N. (2018). Uma revisão dos insetos gigantes da água (Hemiptera: Heteroptera: Nepomorpha: Belostomatidae) de Israel. Jornal de entomologia de Israel, 48 (1): 119-141.

Ohtaka, A. e Nishino, M. (1995). Estudos sobre a fauna de oligoquetas aquáticos do lago Biwa, no centro do Japão. I. Lista de controlo com observações taxonómicas. Jap. J. Limno, 56: 167-182.

Ohtaka, A. e Nishino, M. (1999). Estudos sobre a fauna de oligoquetas aquáticos do lago Biwa, no centro do Japão. II. Registos e observações taxonómicas de nove espécies. *Hydrobiologia*, 406: 33-47.

Olivier, G.A. (1804). Voyage dans l'Empire Othoman, l'Égypte et la Perse, fair par ordre du Gouvernement, pendant les six premières années de la République. Tomo segundo, ii pp. + 466 pp. + Errata (1 pp.); Atlas, 2d livraison: vii pp., pl. 18-32. Paris (H. Agasse), página(s): 39.

Oosthuizen, J. H. (1989). Redescrição da sanguessuga africana *Batracobdelloides tricarinata* (Blanchard, 1897) (Hirudinea: Glossiphoniidae). *Hydrobiologia*, 184: 153-164.

Oosthuizen, J.H. (2004). Redescrição da sanguessuga africana *Batracobdelloides tricarinata* (Blanchard, 1897) (Hirudinea: Glossiphoniidae). Hydrobiologia, 184, 153-164. https://doi.org/10.1007/BF02392951.

Oosthuizcn, J.H. e Curtis, B.A. (1990). An annotated checklist of the freshwater leeches (Annelida: Hirudinea) of Namibia. *Cimbebasia*, 12: 99 -109.

Oosthuizen, J.H.; Hussein, M. A.; El-Shimy, N. A. (1988). Uma nova espécie de *Alboglossiphonia* (Hirudinea: Glossiphoniidae) do Egito. Systematic *Parasitology* (Netherlands), 11: 123-128.

Pallas, P.S. (1766). Elenchus zoophytorum sistens generum adumbrations generaliores et specierum cognitarum succintas descriptiones, cum selectis auctorum synonymis. *Fransiscum Varrentrapp, Hagae.* pp. 451.

Pallary, P. (1924). Supplément à la faune malacologique terrestre et fluviatile de l'Égypte. Mémoires présentés a l'Institut d'Égypte, 7 (1): 1-61, pl. 1-4. Le Caire. página(s): 43, 48.

Pescador, M.L. and Peters, W.L. (1980) A revision of the genus *Homoeoneuria* (Ephemeroptera: Oligoneuriidae). *Transactions of the American Entomological Society*, 106, 357-393.

Philippi, R. A. (1842-1850). Abbildungen und Beschreibungen neuer oder wenig gekannter Conchylien unter Mithülfe meherer deutscher Conchyliologen. Cassel, T. Fischer: Vol. 1: 1-20 [1842], 21-76 [1843], 77-186 [1844], 187-204 [1845]; Vol. 2: 1-64 [1845], 65-152 [1846], 153-232 [1847]; Vol. 3: 1-50 [1847], 51-82 [1848], 1-88 [1849], 89-138 [1850].

Polhemus, J.T. (1995a). Família Belostomatidae Leach, 1815 - insectos aquáticos gigantes, insectos de luz eléctrica, toebiters. In: Aukema, B. & Rieger, C.H. (Eds), Catalogue of the Heteroptera of the Palaearctic Region. Vol. 1. Enicocephalomorpha, Dipsocoromorpha, Nepomorpha, Gerromorpha e Leptopodomorpha. Sociedade Entomológica dos Países Baixos, Amesterdão, pp.19-23.

Preston, H. B. (1910). Adições à fauna de moluscos não marinhos da África Oriental Britânica e Alemã e do Lago Albert Edward. *The Annals and Magazine of Natural History.* (8) 6 (35): 526-536, pl. 7-9. Londres. [1 de novembro], página(s): 535.

Preston, H. B. (1914). On a collection of non-marine Mollusca from Southern Sudan, in: Longstaff, J. (ed.), J. Linn. Soc. Zool., 32: 233-268.

Provonsha, A. V. 1990. Uma revisão do género *Caenis* na América do Norte (Ephemeroptera: Caenidae). Transactions of the American Entomological Society 116:801-884.

Ramadan, Sh. E.; Kheirallah, A. M. e Abdelsalam, Kh. M. (1998). Comunidades bentónicas no rio Nilo, Egito I - Estádios aquáticos de Insecta. Actas da 8ª Conferência Internacional sobre "Environmental Protection is A must" maio de 1998. pp 178- 189.

Ramadan, Sh. E.; Kheirallah, A. M. e Abdelsalam, Kh. M. (2000). Comunidades bentónicas no rio Nilo, Egito II-Mollusca. Boletim do Instituto Nacional de Oceanografia e Pescas, A.R.E., 26 :149-166.

Rambur, J.P. (1842). Histoire naturelle des insectes. Névroptères. Roret, Paris.

Richard, J. e Clark, P. F. (2005). *Caridina nilotica* (P. Roux, 1833) (Crustacea: Decapoda: Caridea: Atyidae) da África Oriental, com descrições de quatro novas espécies, Proceedings of the Biological Society of Washington 118(4), 706-730.

Richardson, H. (1905). A Monograph on the Isopods of North America [Uma monografia sobre os isópodes da América do Norte]. Bulletin of the United States National Museum, Washington, 54:1-727.

Röding, P.F. (1798). Museum Boltenianum sive Catalogus cimeliorum e tribus regnis naturæ quæ olim collegerat Joa. Fried Bolten, M. D. p. d. per XL. annos proto physicus Hamburgensis. Pars secunda continens Conchylia sive Testacea univalvia, bivalvia & multivalvia. Trapp, Hamburg. viii, 199 pp., página(s): 73.

Romero, F. (2019). Catálogo de Oligochaeta Microdrili na Coleção de Invertebrados - Fundação Miguel Lillo (Tucumán, Argentina). *Ata zoológica lilloana*, 63(1): 14-49.

Rosenberg, D. e Resh, V. (1994). Biomonitorização de água doce e macroinvertebrados bentónicos. *Journal of Applied Ecology*, 31, 790. https://doi.org/10.2307/2404174.

Ross, D.H., e Wallace, J. B. (1983). Padrões longitudinais de produção, consumo de alimentos e utilização de seston por caddisflies (Trichoptera) em um riacho do sul dos Apalaches (EUA). Holarctic Ecology 6: 270-84.

Ross, H. H. (1944). Os caddisflies ou Trichoptera de Illinois. Illinois Natur. Hist. Surv. Bull., 23:1-326.

Roux, P. (1833). Lettre relative à divers Coquilles, Crustacés, Insectes, reptiles et Oiseaux, observés en Égypte. *Annales des Sciences Naturelles*. 28: 72-78, Pl. 7.

Rutherford, J. E. (1985). An Illustrated Key to the Pupae of Six Species of Hydropsyche (Trichoptera: Hydropsychidae) Common in Southern Ontario Streams, The Great Lakes Entomologist, vol 18 (3): 123-132.

Rutschmann S., Detering H., Simon S., Funk D.H., Gattolliat J.-L., Hughes S.J., Raposerio P.M., Desalle R., Sartori M. & Monaghan M.T. 2017. Colonização e diversificação de insetos aquáticos em três arquipélagos da Macaronésia usando 59 loci nucleares derivados de um rascunho de genoma. Molecular Phylogenetics & Evolution, 107: 27-38. https://doi.org/10.1016/j.ympev.2016.10.007

Rutschmann S., Gattolliat J.-L., Hughes S.J., Báez M., Sartori M. & Monaghan M.T. (2014). Evolução e endemismo insular de espécies morfologicamente crípticas *de Baetis* e *Cloeon* (Ephemeroptera, Baetidae) nas Ilhas Canárias e na Madeira. *Freshwater Biology* 59: 2516-2527. https://doi.org/10.1111/fwb.12450

Ryšavý, F., Moravec, F., Baruš, V., e Yousif, F. (1974). Alguns helmintos de *Bulinus truncatus* e *Biomphalaria alexandrina* do sistema de irrigação perto do Cairo. Folia Parasitologica (Praha), 21: 97-106.

Salles, F. F.; Francischetti, C.N.; Soares, E.D.G. (2009). A presença de *Homoeoneuria* s.s. (Ephemeroptera: Oligoneuriidae) na América do Sul com a descrição de uma nova espécie. *Zootaxa*, 2146: 53-60.

Sartori, M., Brittain, J.E., 2015. Ordem Ephemeroptera. In: Thorp, J., Rogers, D.C. (Eds.), Ecologia e Biologia Geral: Thorp and Covich's Freshwater Invertebrates, Academic Press, pp. 873-891.

Sattler, W. (1963). Die Larven- und Puppenbauten von Dipiectrona felix McLach. (Trichoptera). Zoologische Anzeiger 170(1/2): 53-55.

Sattmann, H. e Kinzelbach, R. (1988). Notas sobre moluscos de águas interiores do Egito (Mollusca: Gastropoda, Bivalvia). *Zoology in the Middle East,* 2: 72-78. http://dx.doi.org/10.1080 /09397140.1988.10637562

Sawyer, R.T. (1986). Biologia e comportamento das sanguessugas. Vol. II. Feeding biology, ecology, and systematics. Clarendon Press. 375 p. página(s): 660; nota: como "O Dr. J. H. Oosthuizen propõe aqui o seguinte novo género"

Say, T. (1817). Conchologia. - In: Nicholson, W.: American edition of the British Encyclopedia, or, dictionary of arts and sciences comprising an accurate and popular view of the present improved state of human knowledge. Primeira edição, A-3 - C-6 [= 1-20], pl. [1-4]. página(s): [não paginado], pl. 1, fig. 9.

Schmalfuss, H. (2003) World catalog of terrestrial isopods (Isopoda: Oniscidea). Stuttgarter Beitrage zur Naturkunde, Serie A, Nr. 654: 341 pp.

Schmid, F. (1965). Ergebnisse der zoologischen Forschungen von Dr. Z. Kaszab in der Mongolei. 63. Trichoptera. Reichenbachia 7(22): 201-3.

Schorr, M. e Paulson, D. (2018). World Odonata list. https://www.pugetsound.edu/academics/academic-resources/slater museum/biodiversity-resources/dragonflies/world-odonata-list2/. Acedido em 25 de fevereiro de 2018

Sciacchitano, I. (1963). Uma coleção de Hirudinea apresentada por F.M. Chutter (Instituto Nacional de Investigação da Água, Pretória), e a distribuição geográfica de Hirudinea na África do Sul. Ann.Transvaal. Mus. 24: 249-260.

Scopoli, G. A. (1777). Introdução à história natural, os tipos estruturais de pedras, plantas e animais até agora descobertos, com os seus caracteres essenciais, divididos em três partes, e depois as leis da natureza. Praga. (1777): obra-prima da história natural que descreve os géneros e as espécies do mundo.

Seddon, M. B. (2011). *Planorbella duryi*. A Lista Vermelha de Espécies Ameaçadas da IUCN 2011: e. T156073A4885770. Descarregado em 17 de julho de 2018.

Singer, R. (1978). Alimentação por sucção em *Aeolosoma* (Annelida). Trans. Amer. Micros. Soc., 97: 105-111.

Smart, G.C. e Nguyen, K.B. (1991). Nemátodos de ferrão e de furador. *Em* Nickle, W.R. (ed.) Manual of Agricultural Nematology. Marcel Dekker, Nova Iorque, pp. 627-668.

Smith, M. E. e Hendry, C. A. (1991). Oligochaeta e Aphanoneura do Lago Louise, Geórgia, com um novo registo de *Aeolosoma travancorense* (Aphanoneura: Aeolosomatidae) da América do Norte. *The American Midland Naturalist*, 126 (2): 345-352.

Soos, A. (1969). Chave de identificação dos géneros de sanguessugas (Hirudinoidea) do mundo, com um catálogo das espécies, VI. Família: Glossiphoniidae. Ata Zool. Acad. Sci. Hung. 25: 397-454.

Sowa, R. (1975). O que é *Cloeon dipterum* (Linnaeus, 1761)? *Entomol. Scand.*, 6: 215-223.

Sowerby, G. B., I; Sowerby, G. B., II (1832-1841). The conchological illustrations or, Coloured figures of all the hitherto unfigured recent shells. Londres, publicação particular. página(s): 99, fig. 49.

Spieth, H.T. (1937). Um oligoneuriídeo da América do Norte. *Jour. N.Y. Entomol. Soc.*, 45: 139-45, 1 pl.

Stephens, J.F. (1835). Família III. - Ephemeridae, Leach. Illustrations of British Entomology, Mandibulata, 6, 54-70.

Strand, M. e Sundberg, P. (2015). Filo Nemertea. Em J. H. Thorp & D. C. Rogers (Eds.) *Thorp and Covich's freshwater invertebrates: ecology and general biology, Fourth Edition* (pp. 205-209). Londres, Reino Unido: Academic Press.

Strand, M., e Sundberg, P. (2015). Filo Nemertea. Em J. H. Thorp & D. C. Rogers (Eds.) Thorp and Covich's freshwater invertebrates: ecology and general biology, Fourth Edition (pp. 205-209). Londres, Reino Unido: Academic Press.

Sturkie, S. K. e Morse, J. C. (1998). Larvas das três espécies comuns de Phylocentropus da América do Norte (Trichoptera: Dipseudopsidae). INSECTA MUNDI, 12 (3-4): 175-179.

Suhling, F.; Müller, O.; Martens, A. (2014). As larvas de libélula da Namíbia (Odonata). Libellula Supplement 13: 5-106.

Sundberg, P. e Gibson, R. (2008). Diversidade global de nemerteanos (Nemertea) em água doce. *Hydrobiologia*, 595: 61-66.

Sundberg, P., e Gibson, R. (2008). Diversidade global de nemerteanos (Nemertea) em água doce. Hydrobiologia, 595, 61-66.

Tagliapietra D., Sigovini M. (2010). Fauna bentónica: recolha e identificação de invertebrados macrobentónicos. Terre et Environnement 88: 253-261.

Tagliapietra, D., e Sigovini, M. (2010). Fauna Bentónica: recolha e identificação de invertebrados macrobentónicos. In NEAR cirriculum in natural environmental sciences (Vol. 2, p. 277).

Tawfik, M.F.S., El-sherif, S.I., Lutfallah, A.F. (1978). a biologia de Sphaerodema urinator Duf. (Hemiptera, Belostomatidae). Journal of Applied Entomology 86 (1-4): 266–273. https://doi.org/10.1111/j.1439-0418.1978.tb01933.x

Taylor A.V. (1972). Divisão dos recursos alimentares entre os peixes demersais marinhos do norte. J. Fish. Res. Bd. Canada 29(7): 997-1003.

Tennessen, K. J. (2019). Dragonfly Nymphs of North America (An Identification Guide). Chave para as famílias. Publicação da Springer Nature Switzerland AG, 620 pp.

Tong, X. e Dudgeon, D. (2021). Uma nova espécie do género *Cloeon* Leach, 1815 da China (Ephemeroptera: Baetidae), *Aquatic Insects*, http://dx.doi.org/10.1080/01650424.2020.1867747

Van Damme, D. (1988). Quaternary Distribution, Biogeography, Paleoecology and Evolution of the North African Freshwater Molluscs. Stata Universidade de Ghent, :1- 165.

Van Steenkiste, N.; Tessens, B.; Willems, W.; Van Mulken, E.; Artois, T. (2012). O "Falcatae", um novo grupo de espécies Gondwanan de Gieysztoria (Platyhelminthes: Dalyelliidae), com a descrição de cinco novas espécies. *Zoologischer Anzeiger*, 251: 344-356.

Vandel, A. (1962). Faune de France, 66. Isopodes terrestres (deuxieme partie), pp. 417-931; Paris.

Verhoeff, K. W. (1908). Über Isopoden. 12. Aufsatz. Neue Oniscoidea aus Mittel- und Südeuropa und zur Klärung einiger bekannter Formen. Archiv für Naturgeschichte, 74(1):163-198.

Vrijenhoek, R.C. e Graven, M.A. (1992). Population genetics of Egyptian *Biomphalaria alexandrina. Journal of Heredity,* 83:255-261.

Wetherby, A.G. (1879). Notes on some new or little known North American Limnaeidae. Journal of the Cincinnati Society of Natural History, 2(2): 93-100. página(s): 99.

Wiggins, G. B. (1996a). Larvae of the North American caddisfly genera (Trichoptera), 2nd edition. University of Toronto Press, Toronto. 457 páginas.

Williams, W.D. (1980) Australian Freshwater Life: The Invertebrates of Australian Inland Waters', 2nd ed., Macmillan, Melbourne.

Wliken, G.B. e Appleton, C.C. (1991). Avoidance responses of some indigenous and exotic freshwaler pulmonate snails to leech predation in South Africa, S. Afr. J. Zoot. 26: 6-10.

Woodward, G.; Papantoniou, G.; Edwards, F.; Lauridsen, R. B. (2008). Trophic trickles and cascades in a complex food web: impacts of a keystone predator on stream community structure and ecosystem processes. *Oikos*, 117 (5): 683-692.

Yaseen, A., Ebaid, A., Kawashti, I. (1991). Estudos sobre a Análise Cromossómica e as Medidas da Concha de Duas Espécies, *Bellamya unicolar* e *Lanistes bolteni* (Prosobranchiata: Gastropoda). Cytologia, 56, 503-509. https://doi.org/10.1508/CYTOLOGIA.56.503

Younes, A.; El-Sherief, H.; Gawish, F.; Mahmoud, M. (2016). *Sphaerodema urinator* Duforas (Hemiptera: Belostomati-dae) como predador do hospedeiro intermediário de Fasciola, *Lymamnaea natalensis* Krauss. Jornal Egípcio de Controlo de Pragas, 26: 191-196.

Younes, A.; El-Sherief, H.; Gawish, F.; Mahmoud, M. (2017). Controle biológico de hospedeiros de caracóis que transmitem esquistossomose pelo inseto aquático, *Sphaerodema urinator*. Parasitology Research, 116: 1257-1264.

Young, J. O. (1977). Seis espécies novas e registos de duas espécies estabelecidas de Dalyelliidae (Turbellaria: Neorhabdocoela) de habitats de água doce no Quénia, África Oriental. Journal of Natural History, 11(1): 1-15.

Yousif, F. e Ibrahim, A.M. (1978). O primeiro registo de *Angiostrongylus cantonensis* do Egito. Z. Parasitenkd. 56: 73-80.

Yum, J.W.; Lee, H. Y.; Bae, Y.J. (2010). Revisão taxonómica dos Zygoptera coreanos (Odonata). *Boletim de Investigação Entomológica*, 26: 41-55.

MIX
Papier aus verantwortungsvollen Quellen
Paper from responsible sources
FSC® C105338

Printed by Books on Demand GmbH, Norderstedt / Germany